家，這樣配色
才有風格

目錄
CONTENTS

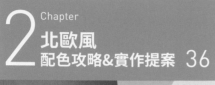

6 Chapter
鄉村風
配色攻略&實作提案 166

1
Chapter

色彩設計
概念完全解析

Point
1

認識空間三原色

材料色
塗料色
軟裝色

Point
5

配色定位邏輯篇

居家公私領域

Point
2

色彩組成密碼篇

色相、明度、彩度、
同色系、鄰近色、
互補色

Point
4

居家光源影響篇

自然光、光源與色彩變
化、色溫與照度的配色
關係、光源的情境
營造

Point
3

色彩情緒氛圍篇

冷色系
暖色系
中性色

關於色彩

　　色彩在空間設計中扮演舉足輕重的角色，不僅是給人的第一印象，色彩更能表述生活情感，也能豐富空間表情，善用不同設計巧思與素材，就能演繹出專屬於空間的色彩，營造出自我的個性與溫度。關於材料色？你心目中的材料色是什麼？是單一顏色還是其實變化多端？想想，光是石頭種類就百百款，有冷色、暖色系，黑與白，換句話說，木皮、金屬、磚頭等也各自因材料的特性與處理方式而有不同的呈現方法，色彩的組成更讓其展現出多元的明暗關係。

　　關於塗料色，單單透過不同顏色油漆，簡單即能改造整體空間面貌，無論同色系、鄰近色至互補跳色，都能間接引導視覺效果，且能重點標記讓畫面產生豐富變化；想到軟裝色，看看所處空間的四周，沙發、桌椅、櫃體、門窗，不論擺設位置，就單品的質地，如皮質、布面、藤編等，是不是都因為材質而產生不同視覺效果，麻布的紅和絲絨的紅有所不同、也與傢具透明壓克力的紅不同，再加上花紋與圖騰的搭配，也豐富了色彩與空間的關係。

與設計師溝通不NG，你做到幾項？

Check List ☑

☐ 準備喜歡的照片與空間案型讓溝通更聚焦

☐ 充足時間思考，確認自己想要的顏色

☐ 結構選用耐看建材，以軟件點綴色彩

☐ 居家配色牽涉到的裝潢預算，要一開始就談好

☐ 釐清對光的感受度，為空間顏色的深淺與光源安排定調

point 1

認識空間三原色—
材料色、塗料色、軟裝色

色彩能創造視覺焦點、形塑風格品味、營造空間氛圍,對空間呈現的視覺感受其影響甚大,在基本構築居家空間色彩的元素中,除了最為常見的塗料色之外,還包含同樣也常被用於大面積天地壁使用的建築材料色,以及能移動的傢具、隨季節氛圍能隨時抽換的軟裝顏色。色彩的選配,會烘托場域的調性與精神,並影響整體的設計效果。

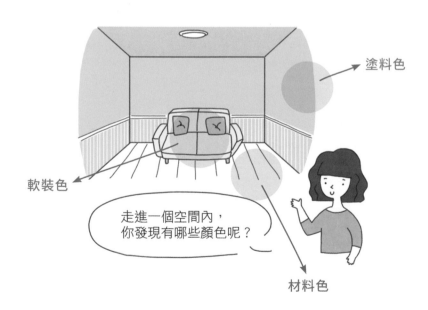

塗料色

軟裝色

走進一個空間內,
你發現有哪些顏色呢?

材料色

材料色

建築材料是最直接彰顯設計者對於空間的想像，尤其之中常混和著不同質感的材料，猶如一個複雜的配色方案，而藉由材料表面結構所形成的陰影和反射效果變化，會為材料帶出不同的色澤呈現。材料色常於天花、壁面、地板等有大面積鋪排，部分則會以局部裝飾手法作呈現。主要來源像是「木材、石材、磚材、水泥、金屬鐵件……」等，在不同應用搭配中，堆疊出不同的色彩表情。

材料本身有所謂的冷暖調性，也有不同深淺的效果。以木素材來說，其質地溫和，淺木色能表現清爽或簡約的樸實感，而較深色的木素材，可能又會營造出穩重，或富含人文氣息的質韻；光滑的大理石材質、具豐盈光澤的金屬或體現生活個性的鐵件，則多被視為帶有冷冽調性。異材質間也產生出不同的色調對比，可鋪敘空間色彩多變性，也能以統一的色調出發，讓不同材質為環境創造延續的視覺感受。

圖片提供_苑茂設計

上／異材質的拼貼和顏色深淺可用對比與延續帶出整體空間調性，約2～3種顏色達到漸層效果。
下／白色基底的玄關，鋪上義大利進口的灰黑花磚，右方檯面的收納櫃利用木作做出圓弧狀拱門造型，表層覆蓋著黃銅，讓空間在純白之餘，因局部的金色光澤添加質感。

塗裝色彩，是容易且快速營造空間氛圍的素材之一，運用油漆塗料的好處，就是隨時能透過刷色，輕鬆改變居家氛圍。現在還有珪藻土、仿石漆等新式塗料，為塗料色提供更多變的效果呈現。塗料色常見的使用區域主要為天花板與壁面。

在空間配色中，常見多以「同色系、鄰近色或互補色」等搭配方法作表現。與不同色階的鄰近色做搭配，能讓空間色彩趨同求異，組成和諧又豐富的色感；而當空間同時出現冷暖色調的材質時，也可以利用無彩度的淺灰階漆色來中和兩者調性，在不影響整體明亮度的情況下，還能帶出空間層次。除此之外，為了避免空間顏色過於平淡無味，可透過鮮明的單一色主題牆創造視覺焦點，亦可適度以同色調做妝點，強化空間中的色彩特色。

圖片提供_法藝設計

左／為了避免空間顏色過於平淡無味，可以透過鮮明主題牆色創造視覺焦點。
下／單色主題牆能創造視覺焦點，深淺不一的薄荷綠幾何色塊，化解中央柱體的突兀感。

圖片提供_懷特設計

軟裝色

色彩於空間呈現的方式，不僅止於出現在天、地、壁上的顏色，許多如北歐風格或現代風格的空間裡，常以無彩度的色調形塑空間基底，然後利用傢具、窗簾及適度的軟裝物件，採鮮明的色彩陳設來豐富空間視覺感受。

軟裝色彩的搭配，可以透過「對比、協調、混和」等方式來呈現色調的變化。其次是著重「軟裝質地」的差異，因為對應空間色調屬性，選擇織布、皮革、塑膠類的傢具、軟裝物件，都會在色澤層次上帶出不同的效果。當空間中整體天地壁色調構建好後，納入傢具、軟裝配置又是一門功課，為了避免出現空間色調的違和感，可以將空間裡已經出現的色彩元素拿來做選擇，提供視覺感受一致性地鋪排；另外多數人會以明亮的白色，或大地色作為空間基礎成色，而把焦點色塊擺放在傢具軟裝的表現上，像是採用強烈的對比色、冷暖對比色以及不同肌理質地的物件，也能替空間製造亮點。

上／黑色木地板搭配鮮明跳色沙發，形塑出空間的顯著亮點。
下／從空間內的藍色調為色彩元素，作為搭配傢具軟裝的主要選擇。

point 2

色彩組成密碼篇

色彩因色相、明度、彩度這三個屬性彼此交互影響而成,只要色相稍微往旁延伸,或兩(多)色混合,有了明暗、加了黑白,就會出現如同色系、鄰近色、互補色等繽紛多彩的變化。運用在空間時,同色系最大原則就是愈重色的使用面積愈小、愈淺色可大面積運用;鄰近色可以類似元素概念串接相近色組合空間內重點;互補色搭配難度高,較適合具強烈個人風格,或想加強活潑感的兒童房。

鄰近色

同色系

互補色

色彩在空間中如何變化?
先搞懂組成就對了!

彩明色
度度相

圖片提供_知域設計

多色配建議不要超過2種主色,如此案整體空間採用藍綠色調和白色搭配,且因為主要顏色只有一種,居住者更要在一開始時就決定自己的喜好來發揮。

1. **色相（Hue）：**

    可見光譜中色彩的層次,指的是顏色的外相,也是色彩的主要表徵。色相表徵取決於不同波長的光源照射,以及有色物體表面反射並由人眼接收時所感覺不同的顏色。除了黑白灰以外的顏色都有色相屬性,如紅、橙、黃、綠、藍、紫。

2. **明度（Value）：**

    明度是指色彩的明暗程度,也就是色彩對光線的反射程度,這是由光線強弱所決定的一種視覺經驗。同一色相會因為明度高低產生明暗變化,例如綠色由明到暗有亮綠、正綠、暗綠等變化。

3. **彩度（Chroma）：**

    彩度指的是色彩的鮮豔度、飽和度、濃度或色度。三原色紅、藍、黃的彩度最高,彩度也相同,中間色或複合色彩度則較低;以顏料為例,紅、橙、黃、綠、藍、紫等純（正）色的彩度最高,若混合其他顏色,就會降低原本的彩度,混入其他顏色的比例愈高,新產生的顏色彩度就愈低。

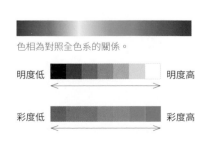

色相為對照全色系的關係。

明度低 ←——→ 明度高

彩度低 ←——→ 彩度高

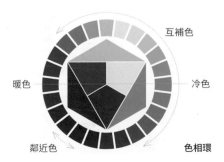

互補色

暖色 —— 冷色

鄰近色

色相環

同色系在色票上屬於同一行列位置，僅透過「色彩明度」及「飽和度」變化而有所區分的顏色，單一顏色若加入愈多白色，則色澤愈淺，明度愈高但彩度愈低；摻入愈多的黑，則明度則愈低。舉例來說，紅色因為明度的改變而形成淺紅、正紅、深紅等變化，而這些顏色就被稱為紅色的同色系，因而在色彩學上，單一顏色僅透過改變明度，其實就已有數百種同色系的變化。

妝點空間時同色系可說是基本入門，搭配運用上也相對容易，運用需要掌握的重點，就是選擇的顏色「要有明顯落差」，若選用色譜上過於接近的顏色，可能會發生看起來差不多，或是看起來有如調色失敗的狀況。舉例來說，例如大地色系中的綠色，向來給人穩定與平和的感受，是同色系運用在空間中相當好的組合；空間中以最淺的橄欖綠作為壁面主色，再配上白色加灰綠色的系統櫥櫃，最後放上深綠色的沙發椅，就能讓空間顯得復古而有質感。

圖片提供_知域設計

上、下／同色系的單色配，透過分明的藍與白，能營造絕對清爽的室內空間，如大面積的淺藍色牆面，天花板用白色來襯托，讓空間的風格能夠呈現出來，再輔以如文化石電視牆、進口壁紙等做整體裝飾。

圖片提供_知域設計

鄰
近
色
&
互
補
色

▼ ▼ ▼

圖片提供_法藝設計

鄰近色又稱相近色，例如黃色、橘黃色與黃綠色等連續三色；或是某個主色混合他色，也可歸類為相近色，例如紅色加紫色成為紫紅、紅色加橘色成為橘紅色等。要以相近色搭配，可掌握兩大原則：原則一為色階上避免選用太過鄰近的色彩，盡量在視覺上營造跳色感，會讓空間感受較富變化；第二原則，是避免選用相同明度色彩，避開色票上同一橫列的色彩，透過明暗度變化，也較能為空間創造層次感。

互補色又稱對比色，是指色環上位於180度相對位置的色彩。在互補色對比下，色彩給人的視覺效果會更強烈，例如紅色看來更紅、綠色讓人感覺更綠。居家空間中若想大膽玩色，建議避免直接使用純（正）色的對比色，可挑選明度或彩度稍有變化的顏色，例如喜愛黃與藍的搭配，可考慮以灰藍色及芥末黃替代；另可嘗試帶有灰色調的色彩，降低明度讓色調沉穩，也有助調和對比色在視覺上造成的落差。

圖片提供_知域設計

上／若依橘、黃兩個鄰近色做搭配，可選擇低彩度、高明度色系，營造空間溫暖感受，又不會因顏色過於鮮豔而讓人感到壓迫。
下／互補色並非要在牆面上做表現，利用傢具、傢飾做跳色搭配，反而能有更多靈活的變化。

point 3

色彩情緒氛圍篇

色彩決定空間整體感覺，亦有色彩情緒的心理效果。冷色系能營造空間的平靜、知性，如藍、紫等顏色，若不希望空間太冷調，可嘗試明度較高的淺藍、淺紫，讓原空間變較為明亮輕快；暖色系能打造溫暖氛圍，想有活潑感，可選擇加了白色、明度較高的粉紅、想沉穩點就利用明度較低的暗紅做表現；中性色具有沉靜心情的作用，也較能讓人感到放鬆，相當適合運用在臥房或公共空間，幫助空間沉靜與放鬆。

大地暖色
果然舒服多了～

顏色好雜喔，
看得我眼花好混亂……。

圖片提供_帷圓・定制

大地色系的空間配色，沉穩的空間讓色彩舒緩了一天忙碌，可以回到家後好好放鬆。

<table>
<tr><td rowspan="5">色彩與心理感受 ▼▼▼</td></tr>
</table>

色彩中些微明暗層次或彩度鮮豔程度的變化，都會改變原本觀看的面貌，自然湧出不同心理感受，使每個色彩都有其獨特的個性。在此提供常見的色彩心理感受對照參考，話雖如此，色彩的認知還是有個人差異，只要可以忠實呈現自己的感受，色彩無所謂標準答案及對錯，當然可能自行延伸或寫下自己的色彩心理傾向，希望可以幫你找到所需的空間情緒及氛圍。

感受 / 情緒	顏色	色系	感受 / 情緒	顏色	色系
甜美		紅色系	紓壓		藍色系
浪漫			睿智		
熱情			開朗		
奢華			冷冽		
喜悅			深沉		
友善		橙色系	清新		綠色系
積極			生機		
豐盈			樸實		
愉悅		黃色系	浪漫		紫色系
明亮			神秘		
閃耀			珍貴		

1. 冷色系：

藍、綠、紫在色彩中定義為「冷色」。常讓人聯想到海洋與天空、水和冰等，除了予人涼爽、甚至寒冷的印象外，也讓人有寂靜、安靜的感覺，暗色調的冷色系，在空間中帶有收縮、遙遠的感覺，視為後退色。

2. 暖色系：

以紅、澄、黃為中心的色相顏色稱為「暖色系」，因其成色溫和，常讓人聯想到太陽光、燃燒的火焰與明亮的燈光，讓人感受溫暖與活力的色系。運用這樣的色彩裝置房間，會給人熱情且具有律動感的快樂印象，空間中偏向明亮，也常視為前進色。

3. 中性色：

當色彩中的彩度去除、飽和度拉到最低，接近「無彩色」的顏色被稱為「中性色」，泛指以黑、白與各種深淺不同的灰色，以及偏向土褐色的大地色系。因為幾乎沒有視覺焦點，空間中容易帶來放鬆的感受性，也很適合形塑出具質感的印象，能自然融於周遭且與任何傢具都能十分協調。

左／中性色調除了可讓家有溫暖、沉靜的感受之外，最大的特點是非常能與其它顏色和平共處。

右上、右下／兒童房空間以粉色、鵝黃或橙色最能詮釋陽光般柔軟的暖意，也能令人倍感活力充沛甚至是歸屬感。

圖片提供_懷特設計

圖片提供_知域設計

圖片提供_知域設計

Chapter 1 色彩設計概念完全解析

point 4

居家光源影響篇—

在光線的可見光譜兩端，有人眼察覺不到的紅外線與紫外線，而在這兩端中間的範圍則是「人類的色彩空間」，意旨色彩是當一個物件在色彩光譜中，藉由光線這個媒介，在不同光照下出現明暗、深淺，而呈現立體、冷暖不同的變化。說明光與顏色是緊密連結的，自然光與人工光都扮演著形塑裝飾計劃的重要角色，當設計一個燈光計劃時，注意力也要放在要提案的色彩與表面飾材上，因為它們同時會對燈光要呈現出的效果產生影響。

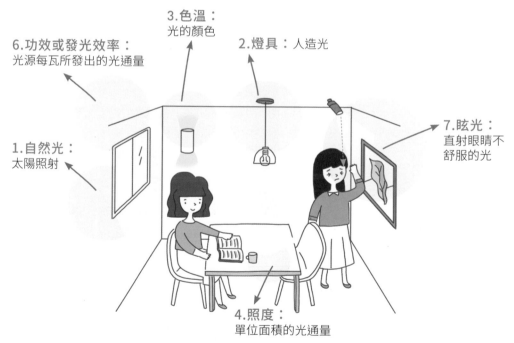

3.色溫：
光的顏色

6.功效或發光效率：
光源每瓦所發出的光通量

2.燈具：人造光

7.眩光：
直射眼睛不
舒服的光

1.自然光：
太陽照射

4.照度：
單位面積的光通量

5.演色性指數：
光源在現真實色彩的程度

自然光

▽ ▽ ▽

在創造燈光計劃前，應先理解自然光在空間中所產生的影響。光如何穿梭空間之中？它在一天甚至一年中如何變化？若改變窗戶尺寸、位置或數量會否對設計案本身產生效益嗎？一個空間中所需進行的活動，將決定如何對自然光進行控制。

一般來說，「朝南的房間位置」較能滿足大部分人們生活起居所需，此方位的陽光能持續一整天的進入到房間內；反之，「朝北的房間」只能讓漫射光進入，所以朝北的房間也最適合放置電腦，因為它可將電腦螢幕上的眩光減少至最低程度。若「窗戶朝向西邊」，房間會以一個非常低的角度接收傍晚時分的陽光，這是餐廳與客廳的理想日照條件，但需針對窗戶進行處理（如額外添加百葉、窗簾和遮光物），才能減少由太陽直射室內而產生的眩光。「朝東的窗戶」則可以使清晨的晨光進入室內，適合常使用早餐的餐廚區域，或有咖啡休憩區的辦公室角落。另外臥房開口的方向將決定對窗戶處理的選擇，特別是對朝東面的窗戶。

而以季節性日照來說，陽光的高度會不斷變化—「冬季達到最低的角度，夏季則達到最高」。冬天太陽在空中高度較低，可使更多的日光和熱量進入室內空間中，夏天則相反。建議觀察室內空間的日光變化時，要注意不同季節的早晨、中午和下午，因為從冬天到夏天，太陽的照射會因位置有所不同，而影響室內不同的光影變化。建議從太陽運行的軌跡，找出自然光線變化的規律性，如此一來就可預測一年中任何地點和時間的自然光影響效果。

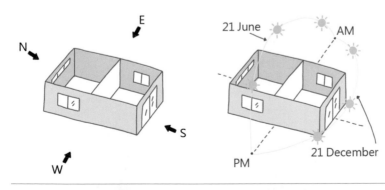

左／North北方 West西方：傍晚的陽光 East東方：清晨的陽光 South 南方：最持續穩定的光線。
右／太陽的角度不斷地在變化。在6月21日達到最高的角度，12月21日達到最低的角度。

裝修小辭典

眩光（glare）：讓人感覺不舒服的照明，因視野內的亮度大幅超過眼睛所適應，或光源明暗對比過大，皆會導致干擾、不舒適或視力受損。

漫射光：光線向四周呈360°的擴散漫射至需要光源的平面。

　　空間內「色彩搭配」如果和空間內自然光的品質能相互協調，將關係著人身處其中的舒適度。對於自然光能夠直接照射且光線不斷變化的房間，建議中性的調色搭配可能更適合；如果只接受北方或漫射光的房間則能允許使用更多的顏色。舉例來說，傳統的北歐建築風格色彩豐富，而希臘和西班牙的傳統建築房舍則多是漆成白色的。自然光的開窗設計可以注意以下三件事：例如「在向陽處開窗、裝設垂直落地式玻璃、運用通透材質創造不同的光源變化」。

1. 在向陽處開窗：

盡可能找出空間向陽處做開窗設計，利用開窗面將自然光引導入室；同時面積除了要夠大之外，盡可能也要規劃雙邊採光，如此一來，能讓自然光發揮效益，也能做到白天減少開燈的機會。

2. 裝設垂直落地式玻璃：

運用活動式的落地玻璃可充分引光線入室，光透進來後，足跡越過窗框的線條在屋內產生對稱的光影，營造出另一種非裝飾性的線條。這類玻璃除了可以引進大量的光外，還能感受自然的呼吸，清洗起來也十分方便。

3. 運用通透材質創造不同的光源變化：

運用通透的材質讓光在屋內漫遊並可創造出不同變化，例如「玻璃、壓克力板、玻璃磚」都是能運用的素材。且這些通透的材質在夜晚人工光源的照射下，變化更是多采多姿。

找到空間向陽處做開窗設計，能盡情享受用無價自然光，且空間材質因自然光源而有顏色上的層次變化。

圖片提供_源原設計

圖片提供_開物設計

空間選用鍍鈦金屬為木材質勾勒線條，並且對應空間色調屬性，選擇低色溫的黃光映襯軟裝，讓色澤層次上帶出不同的效果以及微溫感。

除此之外，光源也能為空間帶來實際需求與裝飾，不管是獨立存在或為補充自然光源；以下提供光源於材料色、塗料色和軟裝色的運用手法。

1. 光源在材料色的運用：
多半會選以自然光來做映襯，藉由天然光源賦予冷暖材質更鮮明的特色表現，一來透過自然的加乘，能再次突顯材質特色肌理與色澤，二來自然光因時間起落有其自身特色，投射材質上又能隨變化增添營造不同層次。

2. 光源在塗料色的運用：
除了同樣以自然光做烘托，加乘鄰近色與中性色的調和作用，色調因此更顯融合細緻。而對於有鮮明色塊的主題牆而言，則會適度地運用間接照明光帶、投射燈等，前者藉由光帶再帶出漸層效果，後者則有洗牆或是聚攏方式，讓視覺焦點能集中於牆面鮮明色彩上。

3. 光源在軟裝色的運用：
通常會依空間使用需求，選擇以人照光源的燈飾來搭配，藉此形塑不同空間氛圍。當以明亮白光做照明時，能提供軟裝色更飽和的色彩呈現；若以低色溫的黃光映襯，則又為物件增添一份微溫感受。

圖片提供_漢玥設計

透過鮮明的單一塗料色而且 適度地運用間接照明光讓視覺焦點集中。

光源包含色溫、照度、演光性、發光效率強弱等廣泛原理知識，而光源種類照明從早期的鹵素燈到現今常用的日光燈，甚至以節能省電為特色LED燈逐漸普及化，設計過程中也會影響空間環境的多變色彩。

1. 色溫（Kelvin）與配色：

是指光波在不同能量下，人眼所能感受的顏色變化，用來表示光源光色的尺度，單位是K。色溫值決定燈泡產生溫暖或冷調光線。一般色溫低的話，會帶點橘色，給予人溫暖的感覺；色溫高的光線會帶點白色或藍色，給予人清爽、明亮的感覺。

舉例來說，家庭劇院、家庭卡拉OK注重的是安靜氛圍，讓觀賞者能迅速沉浸於電影情節，因此燈光光源偏向暗沉，以便讓人自然將焦點聚集於螢幕上；電玩遊戲間則主打歡愉的氣氛，因此會搭配具渲染力的燈源。在面對不同需求時，建議選擇一套簡易的智能型照明控制系統，就能方便隨時隨地轉化光源，當智能照明控制系統調整客廳光源照度與色溫，即便整體環境偏暗，仍可保留20%的間接照明亮度，方便人臨時拿取手邊物品或行走；卡拉OK模式則可善用光纖及聲控裝置，讓環境色彩多變。

|暖色|中性|冷色|
|1900～3450K|3500～3800K|4000～6500K|

由低色溫至高色溫是由橙紅→白→藍。

圖片提供_大見室所工作室　　　圖片提供_大見室所工作室

智能群控系統不單單可以操控或自動轉換客廳或家庭電影院的燈光情境，甚至全屋情境照明都可以做到。

透過簡易的智能型群控系統將電動布幕、投影機、電視機、DVD、環繞擴大機、點歌機、卡拉OK 擴大機、無線麥克風及燈光照明做整合，要暗要亮，一指搞定。

2. 照度（Illumination）與配色：

是指被照單位面積上的光通量的流明數，單位是Lux，若照度太高，可能導致太亮，而覺得刺眼不舒服；照度太低，則會顯得亮度不足使得眼睛疲勞；一個空間要達到讓人放鬆與紓壓的情境，在照明上要注意以下幾點，明暗對比不可過高，最亮處與最暗處的照度落差小於3:1、整體平均照度勿超過500Lux，建議值為350Lux以下，藉此與空間色彩達成平衡。

舉例來說，開放式的公共空間照明分配，客廳主要在色溫3000K照度200Lux左右比較放鬆，至於餐廳及鋼琴區或書房色溫可設定在2800K，但因工作需求照度大約300Lux即可；另外，家中的吧檯可能是大坪數空間中的小角落，也是家中令人放鬆的重點設計之一，除了建議採取一般酒吧的「低照度高對比昏暗燈光配置」外，還可以於吧檯檯面以透光材質內藏燈光，讓彩色的燈光營造時尚與繽紛的氛圍。

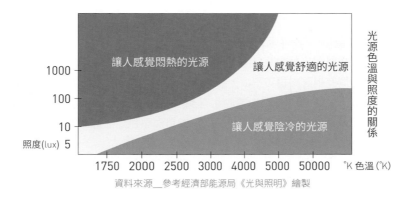

資料來源__參考經濟部能源局《光與照明》繪製

光源的情境營造
▼▼▼

客廳燈光以3000K為主，營造歐美微釀酒吧風，餐廳則提高色溫到3500K，讓食物反射出來的顏色飽滿鮮豔，令人食慾大開。

藉由操控不同光源能替環境增添視覺情境變化，豐富空間與光影的想像，甚至結合色彩創造出多樣的視覺饗宴。情境營造除了能烘托空間的氣質，透過掌握整體空間的硬體與軟裝，並搭配照明設計創造光影層次，也能讓家擁有充滿意想不到的色彩戲劇張力。

Point1 拿捏空間的明度與彩度，創造高質感居家

空間的色系維持在3種以內，就會顯得清爽又能彰顯主題，此外，燈光的明亮度也是要掌握的要點之一，如何聚焦照明，不讓過多的顏色混雜主要想要呈現的風格相當重要。當空間以單一色系做主調時，可以運用深淺色，不同材質的軟裝展現層次線條，再來運用燈光的照度讓單色跳出立體度，最後適時使用跳色，為空間留下印象。

Point2 暖色調光源最適合表現木質空間溫潤感

照明手法適度由天花或壁面反射的間接照明，輔以重點投射照明相互交錯，常有意想不到的視覺效果，如果木質空間有搭配格柵天花板，那麼由上往下的照明配置，更能表現出光影律動，甚至呈現木質壁面的天然紋理，然而木素材也有多種色系，壁面顏色愈深則照明亮度相對加強。在普遍搭配上，木素材選用色溫2800～3300K 的自然暖色調光源最適合，而3000K不會過白過黃更視為佳選。

圖片提供_開物設計　　圖片提供_開物設計

臥房顏色以藍綠色為主色，有讓人安定靜心的效果，天花板上有少數嵌燈，讓空間有均勻照度，而需要用高照度的區域，則是依靠床頭燈、閱讀燈來局部照明。

圖片提供_開物設計

餐廳、廚房立面的黃色為明度、彩度最高的顏色，而空間中其他顏色的彩度雖然高，但明度相對較低，讓空間的質感倍增，因此整體視覺看起來豐富卻不刺眼，並打造出結合復古與現代的裝潢美感。

plus 與設計師溝通不NG篇

與設計師溝通配色前，有什麼功課是一定要做的呢？當只能說出自己不喜歡什麼，說不出自己喜歡什麼，如：「不喜歡房子暗暗的」；或是樣樣好，不知道自己要什麼，如：「無印風很漂亮、鄉村風很陽光、Loft工業風也很時尚」，以上都屬於範圍太廣，無從聚焦，提供曾經看過喜歡的照片（不限室內設計）或是拋出設計相關網站，透過溝通討論，找出自己的喜好。以下提供讀者與設計師溝通更快聚焦的方式與觀念。

Q1 拿雜誌上的照片給設計師溝通，是不是比較方便呢？

圖片只能溝通風格及喜好，不是絕對。

很多屋主會拿著雜誌來跟設計師談對家的想法，這固然是一件好事，但相較之下，屋主應該思考的是：「我想在未來的家中要過什麼樣的生活？」要知道每個空間，因為居住者的不同，所呈現的樣貌也應該不同，一位專業的設計師所扮演的角色是協助屋主將生活機能整合，勾勒出他們想要的生活美感。

前期的溝通很重要，把溝通的力氣用在表達自己對生活的想法及喜好，而不是局限在設計細節及顏色。舉例說明，如果設計師提供的空間配色不喜歡，能告知自己覺得不好的地方，例如覺得顏色太暗，希望明亮一點等等，再交由設計師去整體調整，空間美學是全面性的，遷一線動全身，影響很大，稍不甚最後傷的還是屋主的荷包。所以，屋主花時間溝通及傳達心中的想法，而設計師也花時間做出好設計，如此一來才會彼此滿意。

圖片提供_法藝設計

想要藉由設計師，創造更有自己風格的居家設計，最好先在網路上看案子，再找設計案子的設計師來談談，會更容易聚焦。

Q2 居家配色溝通時要注意什麼流程？

先有充足時間思考，再和油漆師傅共同討論，更確認自己想要的顏色。

很多屋主其實一次喜歡的顏色很多，所以挑選顏色上會出現「選擇障礙」，尤其如果初期沒有溝通清楚，可能中後段在壁面已經上漆後，才想要重新換色。針對這樣的狀況，會建議屋主與設計師在溝通初期多花一些時間，有時間充分思考；配色上，讓油漆師傅當場調色確認色澤，並讓調色後的油漆呈現在木板上，並在不同光線下做比對。因為不同燈光，色澤會呈現不同感覺，有助於強化選擇顏色。

Q3 許多顏色都好喜歡，如何知道是不是自己要的顏色？

抓住喜好色彩的理由，結構選用耐看建材，以軟件點綴色彩

假如是Loft工業風，與其說是挑選色彩，還不如說是決定素材，因為Loft工業風基本上多以素材原色呈現，因此大部份時候主要顏色都是不同層次、質感紋理的灰色、黑色、棕色等建材原色。重點是想要呈現什麼，想要住什麼環境裡，不是只是說想要什麼顏色，而是背後的邏輯，例如想要薄荷綠、Tiffany藍，原因可能是喜歡清爽的感覺。大體而言，結構（硬裝）選擇耐看材質，色彩可用軟件，例如傢俱、植栽、吊燈等點綴。

Q4 居家配色會和裝潢預算有關嗎？這方面如何盤算？

最好在設計一開始就一起談，比較有整體性。

居家配色分為硬體及軟件，大部分設計師主要負責硬體的配色，如建材及塗料選擇，但軟件的部分，則為傢具或寢具、燈飾，若沒有事先說明，是不會含在設計提案的預算中。是由屋主可以參考設計師所提供的平面規劃圖面及建議傢具傢飾的尺寸、大小及色彩，自行挑選及選購合適的。

因此，若需要設計師協助軟、硬體的配色，最好在談設計規劃時一併說明，才能一起規劃。如果在設計之前沒有提到，在設計過程中或之後想要請設計師協助搭配及挑選，則會額外收取諮商費用，而軟件也會視工程實報實銷。

Q5 配色與光源，溝通流程要注意什麼？

先釐清自身對光的感受度，才能為空間顏色的深淺與光源安排定調。

空間色調與光源兩者之間會彼此互相影響，例如因為白光或暖光的燈源，而影響色彩的色溫呈現；另外淺色或深色，也會造成反光與吸光的差異，使整體空間的光感效果強化或減弱。但由於每個人對光感與亮度的接受度不同，有的人喜歡很亮、有些人較畏光，在進行空間設計之前須先釐清自身對光的感受性，再與設計師討論主色調的深淺布局，再來安排設定燈光數量、白光或暖光等條件。

透過格局調整，將廚房從陰暗封閉的角落移至空間中心位置，並以輕淺帶灰的淡藍綠，鋪陳出中性清爽色調，搭配前、後、左三方自然光源，以及嵌燈的漫射、水晶吊燈的聚光，既能創造氛圍也不會使視覺感到疲勞。

圖片提供_爾聲空間設計

2
Chapter

北歐風
配色攻略&實用提案

step 1

硬裝與冷暖材質面選用要素
20% 材料色 + 50% 塗料色

1. 天：使用木皮的溫潤色，提升空間
   暖性質感。
2. 地：鋪暖色系磁磚或木地板，擁有
   大面積視覺效果。
3. 壁：透過油漆粉刷配色，壁面色彩
   勾勒空間氛圍。

step 2

軟裝與圖騰色系搭配重點
30% 軟裝色

1. 門窗：選擇金屬或原木等材質，迎
   合北歐調性。
2. 傢具傢飾：多選擇帶自然感的空間
   配件。
3. 圖騰：簡約線條或花草圖案，詮釋
   北歐風情。

北歐風

step 3

光美學吸睛元素

1. 自然光：大面開窗，引進自然光，
   是重要元素。
2. 人造光：燈光打在如木地板得溫潤
   建材，營造溫暖。

有關北歐風

　　北歐國家普遍的居家風格，當地日照較少，所以崇尚能接納大量採光的裝潢手法，加上北歐國家喜好簡約與實用，親近大自然，因此明亮採光、木質調性建材再加上花草圖騰的軟裝，是北歐居家的重要元素。

　　色彩通常會深淺混搭，透過大面積淺色系，偶爾穿插鮮豔的飽和色系作為視覺跳色，讓空間寧靜中帶著活潑質感。原木色也是不可或缺的重點，通常運用在收納櫃、廚房檯面、廚櫃或電視櫃等櫃體，利用其溫潤調性，平衡空間視覺效果。

How to do　配色完全通

① 白+木色：

最基本的配色方式，空間內多使用原木建材，搭配白牆、植栽或花卉元素圖騰的軟裝，如抱枕、床單和擺飾……等。

② 白+灰+黑：

一樣以白色為基底，添加黑與灰色為漸層鋪色，讓空間多了分沉靜氣息。可以在層架設計或窗框使用黑色鐵件，形塑略帶剛硬的空間線條，輔以灰色系傢具在視覺上顯出層次感。

③ 白+藍＋綠：

藍色與綠色搭配，像是引進了天空和大自然的色彩，再結合白色牆面，這樣的配色讓空間多分閒適感。建議藍色與綠色可以使用在局部牆面或傢具上，讓空間還是以白色為基調，穿插跳色的視覺效果。

1 硬裝與冷暖材質面選用要素
20%材料色+50%塗料色

建材選擇最常見的是木料、鐵件和玻璃，空間因此有了木色與黑色這兩種北歐風基本色，再穿插壁面色彩，形塑天地壁的整體感。比如天花板以木作方式衍伸天花板的斜屋頂與假樑，輔以人字拼貼的木地板，上下合一的木質調性，迎合北歐的居家精神。

Tips 白色與木質空間線條，提升視覺層次

木質與白色調是北歐空間不可或缺要素，室內使用原木裝潢空間是常態，透過大量木頭色調來調和空間的溫暖氛圍，除此之外，當單一的白色，顯得有點冷清，能以活潑元素來活化空間，通常會以淡色為主色調，再搭配暖色或明亮色彩的傢具軟件來平衡視覺焦點。

木作造型的視覺線條，搭配明亮跳色會讓空間變得溫暖有趣。

圖片提供_法藝設計

將木色加上飽和的藍色系，能讓空間視覺變得豐富。

Tips 亮麗刷漆與石材混搭，添加空間活潑新意

在木質調為主的北歐空間內，可以添入明亮顏色的建材，來當做視覺提升的手法，深淺配色也能豐富空間層次感。因為木頭偏黃色調，建議搭配同為暖色的色系，比如橘色牆壁、黃色門框，如果怕暖色調太多，視覺太厚重，也可以穿插使用冷色調中能帶來暖心感的色系。

用木作雕塑視覺線條，如將廚房櫃體或中島檯面選用非飽和色的
灰藍階作為主色，讓視覺聚焦。

Tips 塗料、木皮鋪陳大面積，賦予北歐感的鄉村風貌

白色加木色是北歐空間常見的主色調，但也可以轉化木色變為空間的
線條感，比如將條紋狀的原木當成空間設計線條，再佐以大面積塗料
來形塑量體的視覺觀感，讓居家在溫暖的木色環繞下，視覺上依然兼
顧了設計美感，更有層次。

Tips 灰黑白材質混搭，堆疊沉穩北歐氣息

有人說，白和黑不算是顏色，因為他們太純粹，而灰色剛好是介在於黑和白之間的糢糊地帶，中和了兩者。所以北歐空間內，渴望空間享有更多靜謐氛圍的居家，很愛使用灰黑白這三種顏色穿插運用，讓空間遊走在純粹和糢糊之間，拉出沉穩感。

圖片提供_苑茂設計

灰黑白三色的經典搭配，呈現空間的安詳個性。

女兒房規劃了粉紫色小屋，滿足女孩的童心外，背牆床頭設計為圓弧狀，且使用漸層紫色的繃布裝飾。

Tips 圓弧線條，刷上明色色彩，增添空間樂趣感

北歐風也不一定非得要空間感覺很平靜或靜謐，有時候也是可以很溫馨可愛的。只要不偏離主軸，在白牆和木色的搭配下，利用一些圓弧造型且刷漆的牆面或配件來提升空間俏皮的視覺感，比如圓形線條的原木傢具、圓弧狀的木作天花板，或者增加床頭綁帶。

兒童房造型可愛的圓形彩色原木把手，豐富純白壁面。

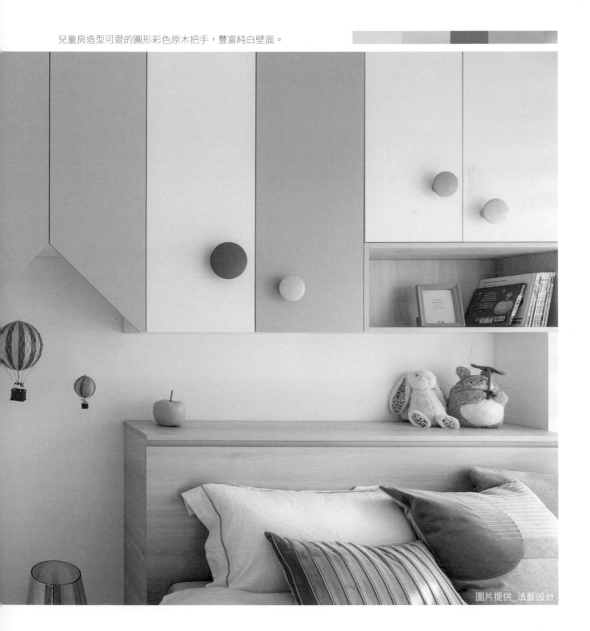

圖片提供_法藝設計

灰色塗漆的立面，搭配木質調的平面，讓冷暖色交織出空間暖性。

Tips 大地色塗料，增加木質比重，提升空間暖度

北歐風可不只有灰黑白三色，其實很多北歐的空間，也會加入屬於大
地的色彩，比如木頭運用的比例再多一點，搭配傢俱或選物，讓木質
調性緩和背景的灰黑白，空間顯得更溫暖。

Tips 白色與單一材質色結合，視覺一致且輕盈

空間坪數小如果塞入太多元素會顯得擁擠，所以單一的材質能讓空間保持北歐居家的輕盈感。建議可以挑選一樣喜歡的建材來做搭配，讓空間內運用這項建材的比重佔大部分，變成主視覺呈現，形塑空間的性格。

圖片提供_漢玥設計

書房中以木色加鐵件，搭配白色牆面，是北歐風空間最基本的色系設定。

軟裝與圖騰色系搭配重點
30%軟裝色

習慣在以白色為基底的空間中，運用色彩飽和的傢具或抱枕做跳色，比如橘色、黃色、綠色，再佐以花草圖騰為空間注入大自然的氣息。傢具線條則建議選擇簡約造型為主的產品，融合簡練質感的北歐風格，也可點綴素色裝飾小物，如黑灰白色系的時鐘、地毯、壁畫等豐富視覺層次。

Tips 選用明亮色系，空間更活潑

喜歡北歐風的人，通常都是想要一個相對放鬆和安靜的居家空間。但有時候太安靜也會顯得單調，這時候可以透過軟裝的搭配，比如更換窗簾或是抱枕套的色系，甚至大膽選用明亮色系也可以，讓空間增添一些活潑氣息。

圖片提供_森叁設計

以莫蘭迪舒心質調構築北歐風的輕快感，適當運用溫潤的木色與
灰色及軟件調和色彩濃度，帶動空間不同樣貌及多樣性。

如果讓軟裝多一些金屬色澤，尤其在日光照射下，更突顯金屬色的光芒，為北歐風格創造新意。

圖片提供_法藝設計

圖片提供_法藝設計

選用金色吊燈搭配白色基底空間，營造出有品味的北歐氛圍。

Tips 善用金屬材質配搭軟件，讓北歐風增添精緻質感

　傳統的北歐風格，都是木色搭配自然光照，配上簡約傢具，如果在餐桌上懸掛著金屬材質、幾何線條感吊燈，就能讓空間多了分貴氣感，比如能搭配迎合空間尺寸量身訂製的粉色調性沙發、造型櫃體等，打造出宛如置身咖啡館的餐廳空間，隨時隨地都能來頓下午茶，讓用餐時刻更顯浪漫。

選用藍、綠柔和色，木質空間變得寧靜祥和

北歐空間很適合以大量原木色堆砌，比如原木百葉扇、木質地板、木作做成的窗框和吧台，原木溫暖特性能讓空間顯得溫潤，這時候配上柔和色系的軟裝，不用太多，一兩件就好，就能讓空間多分祥和之氣，像是淡淡的黃色或綠色。

水藍色沙發的柔和色彩，運用在公領域客廳中，呈現低調溫柔的空間感。

圖片提供_苑茂設計

圖片提供_知域設計

空間以不同的皇家藍色系包圍，由淺而深展現漸層之美，透過軟件的色彩，形塑出優雅的居家生活感。

空間物件，不一定要擺放的
很大或很多，精選適當擺飾
小物，就能畫龍點睛。

圖片提供_漢玥設計

圖片提供_漢玥設計

空間內使用抱枕，可隨
季節更替抱枕套，讓空
間保持新鮮感。

Tips 空間背景選擇傢飾色系，軟裝細節提升精緻度

當空間背景色較重，可選擇全白床單的軟裝選搭，讓視覺上多
些輕盈感，傢具或配件上，建議讓深淺色做視覺上的穿插搭
配，空間裡頭因為有了深淺的配色組合，突顯了風格。沉穩的
灰色沙發，則能搭配黃色與黑色穿插擺放的抱枕，布面材質突
顯暖和氣息。

Tips 成對組合的圖畫或擺飾品，
創造色彩平衡與呼應空間主題

北歐風空間通常會以淡色為主色調，再搭
配暖色或明亮色彩的傢具傢飾，或局部牆
面上色，來平衡視覺焦點，想快速增加豐
富感受，建議能利用壁紙或者畫作，不只
能體現屋主人個性，也為家增添幾分靈性與
情趣，掛對位置能增加空間氛圍，但如果
沒有依照一定規則就會顯的沒有焦點或凌
亂。建議畫要掛在距離地面160 公分處、
而牆面佈置最適當的黃金比例為2：1，以
及參考室內傢具的主要色調後再選配對應
的畫作。

鋪陳人字型拼貼的木作地板，輔以用色沉
穩的淺灰色沙發，簡單配色中可見居家美
感。圖畫相框，依序掛上水平線的上下
端，注意上下必須平均擺掛，避免上面或
下面太多，而讓人感覺頭重腳輕。

圖片提供-漢玥設計

如果空間較大或牆
面空白處較多，從
視覺角度可以考慮
裝飾2～3幅影像作
品加強視覺效果。

圖片提供_北鷗設計工作室

圖片提供_瀚玥設計

擺飾品陳列於平台上，也能夠為空間增色加分，除了保留一些呼吸空間，營造隨興的留白美感外；將最大、最高的物件擺正中間，左右兩側擺設其他較低矮的物件。

當室內坪數較大，尤其採開放式設計的公共區域，當以原木鋪陳空間線條後，可以添加色彩較重的軟裝，比如沙發與抱枕等物件，來加重視覺上比例。即使傢具尺寸大一些也無妨，能豐富空間的層次感。

寬闊的公共空間，擺上一張駝色沙發，會讓空間有視覺重點。

圖片提供_苑茂設計

3 光美學吸晴元素
自然光／人造光

北歐居家重視採光和照明設計。最常見的手法就是大面開窗，並採開放式設計，隔間也盡量採用清玻璃或毛玻璃做區隔，讓採光能穿透到每一個空間。照明設計則搭配白牆讓光線的照映達到最優化、角落空間著重局部照明、而投射燈或聚光性較強的光柱打在牆面，營造光影變化。

Tips 立面設計加上光影變化，增添空間風采

以幾何線條的牆面設計，再透過如天花板的嵌燈、走道深處的壁燈，
投射在牆面上，營造出光影。牆面設計選用會反光的材質，能讓光線
顯得更明亮，同時倒映著壁燈投影，結合打造出極佳的視覺效果。

美耐板本身會反光，結合木作做出線條感，很適合與燈光配合，打出光影。

圖片提供_苑茂設計

木作天花結合光源，讓視覺溫暖

局部牆面和天花板，利用拼接木作鋪陳線條感，再利用嵌燈映照出來的黃光投射在木作牆面上，達到冷暖色調的平衡且提升空間暖意。這樣的空間鋪陳可以鎖定在小範圍空間，比如從餐廳延伸到與客廳的銜接處，作為視覺上的區隔，打出來的光暈同時美化空間。

圖片提供_法藝設計

置身客廳天花板的木條設計，營造了視覺延伸線，
且木色、黃光與灰牆達成色調上的溫潤平衡。

當原本好的採光搭配白色系的室內設計，會讓通透感更顯得相得益彰。

臥房鋪上木地板，牆面刷上明亮的青綠色作為配色腰帶，窗簾則選用藍綠配色圖騰，讓空間顯得活潑。

Tips 引進大量自然光，空間明亮且清爽

充足採光，基本上是北歐空間的首要條件，如果房子本身採光不足，可以搭配玻璃建材來維持光線穿透，也可嘗試加大窗戶尺寸，引進更多日光，同時加強室內照明，輔助空間光線感；假如擁有大露台的空間條件，更能設計大面門窗，讓採光能充足的流通到室內。

黑加灰勾勒穩重的北歐氣息，
加白色點綴視覺變化

空間設計暨圖片提供_北鷗設計工作室

色彩計劃	30%軟裝色	35%塗料色	30%材料色
	大地色移動式傢具與壁面傢飾營造北歐氛圍。	黑白公領域使用低彩度，私領域選用高彩度搭配。	大量運用黑色建材堆疊，豐富空間視覺感。

塗料色
＋
軟裝色

☑ **淡粉紅與淺灰藍，壁面多層次色塊結合**

比鄰的兩間小孩房，各自選擇輕盈的淡粉紅色和淺灰藍色壁面，
形塑出了兩個色塊的結合；主臥空間的用色清雅，讓木地板、白
色牆面和白藍間層的窗簾，打造出空間的輕盈感，另外空間內床
頭櫃的金屬吊燈和開關面板，帶進了細微的金色光芒，從小細節
處提升整體的視覺。

材料色

☑ 淺灰線條建材，緩和黑色的厚重

黑白為主的廚房空間，雖然營造出很有個
性的風格感，但可以穿插使用一些中間色
系來緩頰視覺上的沉重。所以選擇了灰色
條紋的美耐板鋪在爐台前方的牆面，而且
美耐板的光滑面，可以讓料理變得容易收
拾，本身的顏色也中和了黑白兩色。

CASE 40坪・2人・2房2廳1衛・ 使用建材：木材、塗漆、麻繩、編織地毯

3 『戀之船』啟航，空間揉合彩度與光感，演繹色彩變化

空間設計暨圖片提供_K+ SPACING 世觀國際設計

色彩計劃	40%軟裝色	50%塗料色	10%材料色
	鮮明色調傢具、軟件豐富空間表情,如沙發、抱枕、植栽等。	以藍綠兩色為空間主軸色系,佐以燈光氛圍建構如海洋景致。	木作天花與海島橡木地板材,簡約裡帶自然質樸。

從外至內讓燈光帶動色彩美感
拿掉不必要的裝飾材，從玄關開始，以「色彩」為主軸，在細節及燈光氛圍中建構五感體驗。

悠遊的自由感，營造輕鬆的家氛圍

　　喜愛旅行的屋主，期待居家用色可以有悠遊的自由感，喜好空間中有藍與綠的用色，期待營造輕鬆感的家居氛圍，所以採用非固定型的傢具傢飾，而空間採光先天條件頗佳，讓無論白日、或傍晚，在日光映照下都讓空間顯得溫暖。

湖水藍綠穿插空間之中，變化細膩色階層次

設計師觀點

　　夫妻倆人喜愛旅行，以「暢遊在海上的小船環遊世界」為整體空間架構，簡約的平面與設計，拿掉不必要的裝飾材，並且用「色彩」變化當作主軸，選擇亮色系的藍與綠主導空間意象。並且以木材、塗漆、麻繩、編織地毯等材質與傢飾組合，藉由當中的色系變化及燈光氛圍，建構如同在汪洋大海中，五感的全新體驗，也於明亮主調中透散細緻的品味與生活溫度。

　　K+ SPACING 世觀國際設計設計師金禹岑（jimmy king）說，「將空間想像如同一座島，夫妻倆當個舵手由島出發，踏上白色船板敞遊藍色海洋。」公領域的開放空間，左側吧台區為小島、延伸客廳架高區為船板，而電視則化為小船上的旗幟，並以貫穿整個空間的深藍色編織地毯象徵海面，創造出夫妻啟航恣意悠遊於汪洋的視覺意象。選擇打破一般客廳中的制式配置，呈現無方向性的空間感，來創造夫妻間更多交流的機會，配合休閒的吊椅，仿如享受海風輕吹，而淡綠色的牆面與藍綠色的天花板，與四周廣闊的景緻相呼應。

　　走進臥房，金禹岑（jimmy king）藉由比例上的切割、色調與軟件質地，以圓弧拉出空間的深度，同樣先以象徵海洋的深色邊織地毯延伸至整個空間，再用白色邊織地毯點綴，比擬為岸的沙灘上放置臥鋪，且以麻繩當作支撐懸吊簾面，構築成海岸邊渡假小屋的輕鬆氛圍。在不同的空間畫面，都能從色調明暗的轉折中，有著多變化的視覺感受，另外空間內的傢具傢飾所出現的鵝黃、藍綠色調搭配融入其中，搭構出豐富且和諧的色彩意象。

塗料色
＋
軟裝色

☑ 同色調配色模式，創造層次趣味

以藍、綠色調為主體刷塗客廳天花板與牆面，再利用深淺色階的差異性，堆疊出如天空及海洋悠遊的畫面，天花板的木作裝飾為間接照明，與地面的海島橡木材相互照映，簡約裡帶點自然質樸；另外選用鵝黃色的鮮明沙發，也突顯出夫妻倆人的赤子之心。

軟裝色
＋
材料色

☑ 對比運用，建材與軟裝特質更鮮明

設計師在臥鋪區鋪排白色邊織地毯比擬岸的沙灘，而延續公領域的藍色編織地毯則視為海洋，營造在白沙灘上，如沐海天一色的湛藍，也構築為海岸邊渡假小屋的輕鬆氛圍。藉此豐富空間的視覺焦點，尤其圓弧線狀隱性地與牆形成線性切割，讓空間立面顯得活潑多元。

☑ 漆牆櫃體活化空間機能，白色木板添加原始況味

空間色調層次變化，有時來自材質紋理與立面質地的營造，自客廳走入私領域空間，設計師以大片藍色為櫃體背景色，一方面是延續客廳天花板的色澤調性，另一方又在櫃體的立體效果與色階上添加白色木板，做出層次變化。以船板為意象，可任意擺放的開放展示推拉櫃，並用麻繩收邊，比擬船上的拋纜繩搭上小船，由小島出發航向世界的每個角落。

軟裝色
＋
燈光表現

☑ 鵝黃色地毯點綴視覺，融入自然氣息

設計師利用鮮明色調的傢具、軟件豐富空間表情，像是椅具、抱枕、植栽等物件，帶有自然裡隨處可見的黃色、綠色、橘色來活化空間彩度。海邊拾撿的漂流木作為客房的活動衣架，配合象徵大地的鵝黃色地毯，再以鈕扣吊掛窗簾，呈現回家後放鬆的舒適感。並以胡桃木為底的臥榻，配上花葉圖騰的傢具擺設，營造回到土地後自然界中的景象。

3
Chapter

日式無印風
配色攻略&實用提案

step 1

硬裝與冷暖材質面選用要素
30% 材料色＋20% 塗料色

1. **天**：以清爽明亮的白色詮釋，強調
   乾淨、素雅。
2. **地**：水泥、木材質，透過天然紋理
   表現溫潤質樸。
3. **壁**：白色可搭配低彩度跳色、穿透
   性隔間方式。

step 2

軟裝與圖騰色系搭配重點
50% 軟裝色

1. **門窗**：開大窗、折拉門，保持空間自由。
2. **傢具傢飾**：多紗簾、蜂巢簾、百葉簾搭配
   玻璃、木、鋁、鐵件框；無垢
   材、棉麻竹籐材質傢具為主，
   重視美型收納。
3. **圖騰**：自然線條呈現，如木紋、
   水泥紋。

日式
無印風

step 3

光美學吸睛元素

1. **自然光**：盡可能引入光源或營造部分
   靜謐光影。
2. **人造光**：簡約溫馨，嵌燈、吸頂燈、
   壁燈、吊燈等黃光。

有關日式無印風

日式無印風的居家中，一切的擺置皆為「輕量無負擔」，平衡了現代龐雜快速的生活型態，讓人感受到「在家就貼近自然」的放鬆，無非是身心靈最佳的紓壓居所。天地壁、傢具傢飾與光源的要件，都離不開生活感、潔淨素雅、貼近自然、輕鬆無礙等概念。

色彩表現以白、米、杏、土、木色等大地色系為主要，整體視覺的和諧性是重點；材質選用以無垢材、水泥、棉麻竹藤編織物等，保留其原始質地紋理的特性；光源的調控，自然光為主，人造光為輔。自然光的引入為關鍵要素，讓家直接與大自然溝通；人造光則是透過線條簡潔的單品燈飾，以黃光投射溫馨柔軟的氛圍。

How to do 配色完全通

❶ 白+木色：
溫暖、舒適、和諧，是日式無印風具代表性的標準元素，白色的敞亮與包容性，讓所有其他的元素都能得以發揮；木質的原色與質感，讓人與大自然劃上等號。

❷ 木色與低彩度藍或綠：
綠色，溫煦自然、活力健康又清爽；藍色，療癒、放鬆又開闊，讓空間變年輕，兩者融入灰色的簡約、療癒，以低彩度的方式呈現，降低視覺壓力，與原木色搭配協調地融入空間。

❸ 深木色與淺木色：
大面積的地面材或佔比較大的門片板材，多以淺色或色階相近的木色做出協調的層次，部分重點區域傢具，如餐桌、書櫃，會選擇深色傢具來穩定空間，傳達居家「重心」的概念。通常整體木色的選擇不超過三種。

1 硬裝與冷暖材質面選用要素
30%材料色+20%塗料色

天花板盡量留白，僅作管線與樑柱的必要包覆，不做過多裝飾，留出簡潔面；地板材針對場域不同，做材質特性的區分，盡可能保留一致性；壁面則透過色彩、自然材展現質感與活潑的一面。配置彈性且流暢的生活動線、輕盈穿透的視覺掌握、呈現冷暖材質的應用及平衡。

Tips 全白天花板首重藏管線、修飾樑柱

天花板的規劃通常會以簡潔為主，僅用於樑柱的修飾、隱藏管線，不做任何額外的刻畫，全部留白，就連燈具也盡量選擇簡約造型、如白色的吸頂燈、嵌燈等。將空間的視覺感與清新度拉到最大。

圖片提供_羽筑設計

單一白色天花板，僅在機能上修飾樑柱，把揮灑空間留給其他位置。

選用淺色柚木地板，空間視覺上更顯清新和諧。

圖片提供_羽筑設計

Tips 大面積淺色木地板，保持色系的一致性

除玄關、廚房、衛浴等區域，保留日式無印風的簡潔舒適與休閒生活
感，常用大面積，如淺柚木、白橡、灰橡等的淺色木地板，明度較高能
顯輕盈不厚重，讓整體空間敞亮，也能讓地板與傢具軟件保留一致性。

淺色木地板、木質傢具與慵懶的灰白色抿石子電視牆，和諧而有層次。

圖片提供_羽筑設計

Tips 天地壁色彩配比，首重整體的層次與和諧

色彩配比強調細膩微調，特別是面積佔絕大的天地壁，掌握一致的自
然和諧原則，例如：全白的天花板、深淺木色地板、傢具與抿石子電
視牆，透過鄰近色階的差異與材質的不同，營造出空間的層次感。

Tips 多效隔間方式，將配色帶入動線與採光思考

日式無印風的簡潔自然與生活感，不止反映在天地壁與傢具軟件上，視覺的輕盈與整體生活動線的流暢度與開放性亦是關鍵，也是配色思考的重要環節，例如，多功能穿透式的固定隔間或多面開的「回」字動線，呼應壁面色彩，使得生活更靈活自在。

圖片提供_禾光室內裝修設計

多功能穿透式隔間，是隔間牆、電視牆，也是餐櫥櫃，打造空間的流暢度。

Tips 低彩度跳色牆，能讓空間更活潑

材質的自然紋理是日式無印風質感表徵，色彩不搶眼但紋理顯著，應場域不同發揮材質特性，例如：淺色的超耐磨木地板用於室內；耐落塵、不顯髒的板岩磚、水磨石置於玄關；好清潔的水泥地板置於廚房等，體現其精神，好看又實用。並且時而添加有趣的「跳色牆」，除了讓整體氛圍更加活潑外，還有加強跟自然對話、與重點傢具相呼應等功能。

霧面深灰的板岩磚，耐刮防花、落塵方便不顯髒，紋理豐富且實用。

跳色牆面更顯自然生氣，並且
融入灰色將彩度降低，有亮點
卻不刺眼。

圖片提供_十一日晴空間設計

圖片提供_羽筑設計

2 軟裝與圖騰色系搭配重點
30%軟裝色

屏除制式的隔間牆，透過玻璃材質拉門、折門等彈性隔間或一物多用的機能櫃（牆），切割上通常不做滿，留天或留地，製造輕量感，保持視覺空間的敞亮與生活動線的流暢。而質感單品、美型收納、綠色植栽不可少：掌握調理整齊的原則，運用的可彈性調整的層架、收納盒、櫃，將生活物件條理化；植入易於打理、淨化空氣的綠色植栽。

Tips 木質色「小天花」與「方格牆」，掌握輕量視覺感

增加收納、保留穿透感、掌握輕量便利，就是無印風不出錯的收納原則。以櫃體層架替代傳統隔牆，近屋頂處留出一塊懸空，俗稱「小天花」，能增加收納、保有穿透性。另外大型方格牆，搭配使用pp盒、藤籃或是木盒，條理呈現、整齊堆疊、不失穿透，保有便利性，掌握輕量整齊的視覺感。

屋主將書分門別類置放，同時植入無印良品的收納盒作為雜物收納。

圖片提供_禾光室內裝修設計

日系品牌的胡桃實木餐桌椅佐以綠色植栽，展現自然氛圍。

圖片提供_禾光室內裝修設計

Tips 無垢傢具，色系營造溫潤自然

無垢傢具是日式無印風「自然」的最佳代言，指實木傢具，意即樹木砍伐後直接進入加工製成，不上漆類塗裝，保留木材氣孔，呈現自然溫潤紋理。現代製程技術精進，許多木質傢具亦能在好保養的情況下，展現紋理同時傳達其精神。

Tips　具代表性淺木色單品，傳達無印精神

傢具單品選擇中，多會是以淺木色為主，並且透過實用性或設計理念來傳達無印的生活態度，像是著名的蝴蝶凳或廣為人知的Y chair，前者呈現形隨機能而生的極簡概念，傳達柳宗理「用即是美」的宗旨；後者則是強調一體成型的簡潔俐落。

圖片提供_羽筑設計

廣為人知的Y chair，圓滑的扶手一體成型，沒有任何的錐接，手感極佳又耐用。

圖片提供_禾光室內裝修設計

蝴蝶凳，透過兩樨木片完美結合，呈現形隨機能而生的極簡概念。

高擺的波士頓蕨、藤編的虎尾蘭、迎光的龜背竹，各有姿態點綴環境。

圖片提供_禾光室內裝修設計

Tips　增加綠色植栽點綴生活，打造自然感

在玄關處、用餐桌，甚至流理台的角落，植入綠意，增添自然風情。可以選用不需全日照、易於打理的室內植物，如常春藤、波士頓蕨、金邊虎尾蘭、龜背竹等，能淨化空氣、調節濕度外地點綴空間還能觀賞。

Tips 複合式淺色櫃體，連結機能與動線

「通透輕盈」，拿掉多餘的隔間牆，以複合機能的大型櫃體，一櫃多用，連結空間與空間的流暢動線，同時運用色彩或材質，讓大型量體的輪廓淡化，製造輕量感，降低視覺的壓迫。

圖片提供_羽筑設計

白櫃與木質檯面，是沙發背靠牆也是書桌，輕巧隔開客廳與書房。

搭配了木質色框的
拉折門，用不置頂
設計與上下玻璃材
質的變化，讓視覺
上顯得更為通透。

圖片提供_禾光室內裝修設計

圖片提供_禾光室內裝修設計

Tips　全透光或霧面玻璃門窗，創造空間色彩想像

由全透光或霧面玻璃組成的門窗，輔以輕薄可活動的木、鋁、鐵
框，多元清透的材質組合，權衡了空間使用的自由度，但在視覺上
又不顯遮蔽，能巧妙展現線性、材質與色彩搭配的簡約清爽。

3 光美學吸晴元素
自然光／人造光

主要引入大量自然光，讓家直接與大自然溝通；另外人造光則是透過線條簡潔的單品燈飾，投射溫馨柔軟的氛圍，例如在重點區域加入質感燈飾光源，如嵌燈、吸頂燈、壁燈、吊燈等黃光。

Tips 點狀照明，重點聚光打亮木色肌理

良好的自然採光下、全室留白的簡潔與溫潤的淺木色，三者交織成無燈即明的敞亮空間，其餘補充光源，多半用於日落以後上，透過量體小、光源溫和的點狀黃光，打亮必要動線，同時營造溫馨感。

量體小、光源溫和的嵌燈，點狀黃光打亮木地板動線，營造溫馨感。

圖片提供_禾光室內裝修設計

圖片提供_禾光室內裝修設計

白色圖騰紗簾，當光穿越圖騰時，透出不同的光影，極富有生活感。

Tips　窗簾搭配色系選材，用光影說生活

用窗簾調節光的進量、創造光影，多半選用白、杏、米色的棉麻遮光布、透光紗簾、蜂巢簾、百葉簾等，讓光更有層次，並且加大開窗面積引入光源，將木色地坪、傢具將空間充分打亮，形塑出清新的舒適感。

CASE **1** 14坪・夫妻・1.5房1廳1衛・ 使用建材：超耐磨木地板、木皮、ICA塗料、白色地鐵磚

純白與光影的無印風退休宅

空間設計暨圖片提供_大丘國際空間設計

色彩計劃	45%軟裝色	10%塗料色	45%材料色
	大型的櫃體，使用白色淡化視覺衝擊。	全白大面積呈現，光影通透的視覺放大。	選用深淺不同的木質原色，呈現簡單清新。

光影通透照亮全室

光影的通透表現照亮全室,從客廳沿著大片的窗景望進臥房,整條廊道貫穿,能欣賞到多元光影的變化。

多元實用訴求，兼顧身心靈

屋主需求

兒子為了退休的父母打造銀髮養老宅，把美感與空間收納做最有效的發揮。在採光與通風、居家安全、以及未來產生的被照護者需求時、生活便利與品質都希望納入考量。色彩調性將北歐風格與日式氛圍融合在一起，盼把最好的退休宅留給心愛的父母。

木皮主色，打亮空間視覺的純白切割

設計師觀點

小坪數的居室，需要掌握的原則：「視覺放大、坪效善用、光源充足、動線順暢。」將原本的兩房格局改成一大房，調整原格局，改變舊有廚房、廁所的出入口，同時將臥房做成大型雙出口的拉門，方便未來老齡照護時輪椅、協助者得以出入方便不受限，再加上開放式的客餐廚，使得全室成為動線極為流暢的「回」字。

全室主要以白與好清理的木皮為主色，透過材質紋理的應用呈現不同質感。從客廳一路穿透至臥房，保留了兩大一小的開窗，把採光的優勢拉到最大，讓白天、下午、傍晚的光影多采多姿，成為屋主與設計師最喜歡的動態風景。白色線性切割的多功能機能牆櫃，同時兼具電視牆、衣櫥、穿堂煞的隔屏。設計師考量實用性與視覺壓力，把大型的量體用白色淡化視覺衝擊，再以12公分寬的線性條紋分散視覺壓力，下方切割出木質色的視聽櫃，同時與右側的書報架兼扶手相呼應，達成和諧又兼具機能的面。櫃牆兩側加寬的雙拉門設計，方便老齡照護，兩扇門更以不同的材質來增加質感與趣味性，向光處的拉門以木質紋理表現，就像一棵大樹的根，受到陽光滋潤更顯自然生活感；另一面則是以全白呈現，木與白兩者相呼應。

簡單清新的臥房，加大的雙面拉門，保留輪椅進出的彈性；更衣間上方的閣樓為未來看護的起居空間預做準備，同為一室卻保有私人空間，未做滿的隔間方式保留照護者可隨時查看、被照護者能及時喚人的貼心設計。臥房內側的更衣間，備有完整的收納，如：開放式吊掛、大型抽屜、隱蔽衣櫥等。衣櫥表面無把宛如牆面，使視覺流暢，抽屜與門扇則沿著格樓梯間的距離梯次延伸，其中的畸零空間再變身為大型行李的藏身之處，將坪效發揮極致。

材料色
＋
軟裝色
＋
燈光表現

☑ 通透採光、木與白的流暢收納動線

臥房內側的更衣間，低櫃與地板選用深淺不同的木質原色，衣櫥則以全白與隱藏把手呈現。五分之四的全白搭配床頭高度的木質牆面，省去床頭櫃的量體空間，力求質樸簡潔。空間採用點狀燈源，如日系圓弧狀燈具，兼顧實用機能與趣味亮點，同時保留空間的一致性。

材料色
＋
軟裝色

☑ 色彩與紋理的細膩表現，
白色櫃體讓視覺清新和諧

入門處採用較深的木色，穩定回家心情，沿著玄關廊道往內走，變身全白清新的公領域，線性動線使自然光貫穿全室。多功能機能櫃，兼具電視牆、衣櫥、穿堂煞的隔屏，坪數不大的情況下，設計師使用白色打亮空間；再運用十二公分寬的線性切割，使整個亮體的面積縮小，降低視覺壓力，色彩與切割的交相搭配，達成和諧又兼具機能的的貼心設計。

CASE

2

36坪・夫妻、小孩X1・4房2廳5衛・
使用建材：實木皮、玻璃、美耐板、超耐磨木地板、磁磚、系統板、ICI調色漆

中性色調的日式無印復古宅

空間設計暨圖片提供_十一日晴空間設計

色彩計劃	**35%軟裝色** 木質傢俱妝點輕盈放鬆感。	**30%塗料色** 灰藍跳色牆，用色彩劃 分區域格局。	**35%材料色** 門窗、書櫃的橡木原色， 打造空間暖意。

用顏色區隔公私領域界定

愛烹飪的女屋主，喜愛中性
色彩，而且重視廚房與餐廳
間的動線與機能。

採光結合動線與視覺的中性色調

屋主需求

　　女屋主喜愛烹飪，色彩喜好偏向男女皆宜的中性色彩，且在意公領域的連貫性以及廚房與餐廳間的動線明亮與機能，屋主認為餐廳是家中專心吃飯與對話的地方，希望將居家重心放在餐廳。設計之時年輕夫妻仍是兩口之家，但希望空間配置上，保留未來小孩成長的空間彈性。

色彩分格局，自然光串全室

設計師觀點

　　屋子本身高度很高，設計師根據廚房的開口，抓齊等高線，做出可代表日式復古同時也是屋主喜歡的灰藍跳色牆面。兩跳色牆面落在將客廳與餐廳，輕巧地用顏色將客、餐區串連起來。有別於客、餐區，臥房使用低彩度的綠色跳色牆，與外頭的綠樹相呼應，簡單的顏色配置，輕易地將公私領域區分出來。地板材使用紋理豐富的淺色復古木節超耐磨木地板，以木結的紋理表現質樸自然的氣息，一路延伸至書房、臥房，使公私領域保有和諧的一致性。灰藍的客、餐跳色牆與地板、傢具等的木質色，呈現中性、輕盈、放鬆的感受，同時平衡暖色調，視覺上更顯整齊、清爽。

　　本案格局的分配讓自然光得以串聯。在全開放式的客、餐廚空間，書房採半窗形式，隨時可橫推打開，流暢的動線一路延伸到衛浴設備，所有窗戶皆不遮擋，讓採光互相加成。白天完美的詮釋，晚間則是協尋質感燈具增添風情，由日本直購的餐桌吊燈，布面黃光，量體較大，試圖抓住視覺，成為居家核心；客廳則由MUJI吸頂調光燈，自行調節暖意氛圍，電視牆則使用鐵件軌道燈，展現個性，兩燈高低錯落，讓光暈更有層次。

　　許多屋主找上十一日晴的時候，有些是甜蜜小倆口、有些是擁有小小孩的家庭，沈佩儀設計師本身是三個孩子的母親，在溝通與設計時，往往能在親子空間的彈性調配與未來使用的變化上，為屋主想得再多一些。這樣的育兒經驗，常帶給屋主更多的考量價值，同時也讓沈設計師的專業之路走得更加有成就感。「家，是人們一生待很長時間的地方，希望自己的專業能夠讓屋主擁有很美又很實用的家，這樣我也會很開心。」沈設計師這樣說。

材料色
＋
燈光表現

☑ **橡木原色的書房兼具獨立與多功能性**

書房的橡木原色輔以穩重的胡桃木書櫃交相平衡，書房門結合局部鏤空壓花玻璃和紋理明顯的木皮，凹凸手感帶出生活風格。白色寬版的百葉簾，調控光影進量，另外可推拉的開窗，以半窗半牆設計概念，成為沙發背牆又能保持光線通風的流暢。

塗料色
＋
材料色

☑ 灰藍跳色的個性感與和諧性同時兼顧

廚房入門口的高度畫出等高線，漆上清新的灰藍跳色牆。廚具使用紋理明顯的木質面板，保留居家一致性；檯面則以60％灰色調的石英石，穩定空間；牆面中段則摒除一般常用的烤漆玻璃，改用手感較重的手工磚，水泥填縫，不易發霉，凹凸紋理立體有個性；而廚房地面選用灰色地磚使氛圍沉靜且好清理。

☑ 多重光源打亮區域，提升色彩質感

廚房天花板以嵌燈的方式做重點區域打亮與木質廚具營造輕量感；爐具旁的備料區，以小於12公分的嵌燈做點狀照明，補強光源；不靠窗處的石英石檯面則使用廚下燈具照明，提升區域亮度、穩定空間；洗潔區的黑色造型壁燈與手感較重的手工磚牆面，提升整體設計感，讓空間更有味道。

軟裝色

☑ **運用多層次軟件搭配，讓視覺多變化**

設計款的溫莎椅與IKEA木質椅搭配實木桌，運用具代表性的品牌設計款以及兼顧實用趣味性的平價軟件相互搭配，有設計感還能兼顧預算，體現生活感趣味。

4

Chapter

LOFT 工業風
配色攻略&實用提案

step 1

硬裝與冷暖材質面選用要素
50% 材料色 + 20% 塗料色

1. **天**：不做天花板，而是用混凝土、
   灰泥建材的原色呈現。
2. **地**：溫暖木地板或冷硬水泥、磚石
   調和出空間基調。
3. **壁**：用清水模、磚牆等具無修飾建
   材表現粗獷不羈感。

step 2

軟裝與圖騰色系搭配重點
30% 軟裝色

1. **門窗**：選用與風格相符的材料，少
   裝飾且強調實用機能。
2. **軟裝**：使用暖色系或潤質感的素材
   為空間增溫。
3. **圖騰**：金屬網格、鏽斑和斑駁漆面
   的二手木拼貼，營造工業懷
   舊感。

LOFT
工業風

step 3

光美學吸晴元素

1. **自然光**：大面落地窗引入充足光線，
   讓灰黑色調空間不昏暗。
2. **人造光**：原始未修飾的燈具，或以經
   典造型燈具作為視覺焦點。

有關LOFT工業風

　　LOFT發源自歐美國家，原意為開放式的閣樓或樓中樓，用於天花板較高的建築裡作為儲物區域使用。到了二十世紀初，英美大城才將工業區中的舊廠房、倉庫等營業空間改裝成居住的「LOFT公寓（Loft apartment）」的出現，直到今日，這個詞主要還是指沒有隔間的大面積開放式空間、高天花板、大面窗戶的屋型。這樣的建築背景下，通常保留未修飾的外觀、裸露管線，以及舊有廠房倉庫設備如燈具、吊扇等。

　　而對於Loft工業風的追求，因地緣空間的差異，除了少有符合歐美定義的高闊空間，更會著重於符合粗獷不拘、不修邊幅、忠於素材原色原味的精神。

How to do　配色完全通

1 黑色＋灰色+藍色：
多採用裸露建築結構、或多以混凝土為主。未修飾的原色多為灰色，並且搭配具粗獷感的黑鐵，空間基調冷硬，可搭配其他顏色增加活力；藍色則保有較為陽剛的調性，可調整彩度達到活潑或沉穩的效果。

2 黑色＋灰色＋紅／棕色：
以灰黑色為基調，添加暖色系元素有助於緩和空間氛圍。例如，粗獷卻又懷舊平易近人的紅磚牆、觸感溫潤的棕色皮件、紋理鮮明的木質傢具、地板等都是常見搭配。

3 黑色＋綠色＋黃色：
大地色系的軍綠、橄欖綠，營造出有軍事與戶外活動的粗獷氣息，碎木材壓製的OSB板、沒有染色上漆的夾板，展現木頭原始溫潤且明亮的黃色，再搭配具有歲月痕跡的黃銅老件也十分理想。

Step

1 硬裝與冷暖材質面選用要素
50%材料色+20%塗料色

Loft工業風最令人印象深刻的特徵在於硬裝，因為一開始精神就是「廢物利用、老屋再生」，特意突顯屋子的歷史或原始樣貌。色彩上當然就是以建材原色呈現，混凝土的灰色、紅磚牆的紅色、灰泥漆面的白色，以建材的紋理來表現變化與視覺層次。居家採用Loft工業風，還要考量如何在呈現粗獷風格與居家舒適上達到平衡，如用木地板、皮件傢具調和冷硬的結構。

Tips 壁面打除灰泥露出磚牆，刷塗局部突顯底氣

住宅非結構的隔間牆大多是磚牆，打除全部或局部的水泥層露出紅磚是Loft工業風愛用手法。除了紅磚原色，依據不同需求，刷塗不同色彩也能強調磚牆質地，不僅成為視覺焦點的主題牆，也可低調融入背景。

局部打除水泥露出磚面，塗刷成白色營造文化石質感，作為視覺主牆。

圖片提供＿造室設計

深灰色色板岩磚、淺灰手染漆與白色天花板，以不同素材質地表現用色的層次。

圖片提供_W&Li Design十穎設計

運用石墨色進口壁紙仿清水模效果，材質可擦拭也好維護。

圖片提供_帷圓·定制

Tips 使用多種建材，打造清水模色澤質感

工業風愛用理性節制的色彩，例如質地樸實的清水模。許多建材可以做出多層次的清水模效果，包括手染漆、樂土等仿清水模灰泥與塗料，貼水泥板也是常見的替代方式，呈現與混凝土模板不同紋理；另外挑選圖案預先模擬效果的壁紙也是一種面材選擇。

灰色隨著明度不同，會產生冷暖不同的感受，表面不規則紋理有層次不單調。

Tips 裸露天花板與樑柱的原色呈現

想要在結構表現粗獷韻味，可在預售屋客變時，就規劃天花板或哪些部分
的樑柱將以原始樣貌示人，施工前就模板的排列、木紋、管線位置等預先
規劃準備，充分掌握施工結果，最後只要上保護漆就能夠原色展現。

Tips 地板材質色溫不同，會影響空間氛圍

大面積硬裝選用不同明度或彩度的素材，或者用不同的樣式，可以
影響整體氛圍。質感溫潤的木地板、水泥或板岩地坪各會造就不同
的空間表情；Loft工業風講究能突顯素材紋理的木地板或磁磚，樣
式的改變通常會有豐富的視覺效果。

暖色木地板平衡空間溫
度，而人字拼貼添加復
古懷舊氣氛，並達到界
定空間的效果。

圖片提供_浩室設計

Tips 碎木壓製，溫暖色系的OSB定向纖維板

建材多以自然原色呈現，而冷暖色調配比上，木素材是常用於硬裝上的暖色要素；彩度越高的木材、越偏向紅黃色、使用的數量越大，會讓空間氛圍傾向溫暖。想要保有粗獷風格又不失溫暖，已碎木片壓製而成且作為結構建材的OSB板是不錯的選擇。

屋主偏好冷色調，綴以彩度低的木櫃體與門扇，增添溫度又可與灰黑色相融。

圖片提供_帷圓·定制

圖片提供_浩室設計

黑鐵製成的儲藏櫃與燈罩和混凝土結構相呼應，暖色系皮革或木材搭配鐵件腳座，形成空間整體基調。

Tips　鐵件使用注意慎選色彩，選能融入空間為主

鐵件會是工業風核心要素，但不同質地色彩的鐵件在空間產生的效果不同。Loft工業風最常使用黑鐵表現剛硬風格，雖是重要元素，但以不跳出、融入空間為訴求，鐵件的多寡也會影響空間的冷暖調性，另外居家塗裝品質上也要更為細緻。

軟裝與圖騰色系搭配重點
30%軟裝色

Loft工業風在硬裝要素上以表現剛硬粗獷為主，然而居家空間採用此風格，仍然應該考量到一定程度的舒適度，為了表現出溫潤度的居住感，運用不同色彩、自然材質的傢具、燈飾、窗簾等軟裝是相當有效平衡氛圍的手段；另外在預算較低或不動硬裝的輕裝修，也能運用例如金屬鐵件傢具、各式復古老件等，營造懷舊甚至頹廢的風格氣息。

Tips　織品選擇，避免過度輕盈的色彩或質料

體積較大的布沙發與地毯，可以在高彩度，或是暖色系在灰階冷調背景裡跳出，也可以選同色系融入，再以抱枕跳出點綴；復古絨布、粗獷帆布、麻布，隨性的波希米亞民族風布品也很合適，必須注意避免太過輕盈或甜美的色彩或質料，例如淡色亞麻布、粉色碎花棉布等。

低調鐵灰布沙發置於淺灰牆與灰橡地板之間，巧妙地呼應餐廳配色。

圖片提供_W&Li Design十穎設計

溫潤色系，讓經典皮革傢具緩和空間冷硬氣息

皮革也是傢飾傢具的重要元素之一，常用馬鞍皮等耐用質感的皮件，作為傢具材料甚至硬裝裝飾，為空間增溫，提升舒適度也符合率性陽剛氣質。選色適合傳統復古皮件色款，如溫潤皮棕色、軍綠或黑色，較符合工業風精神，能依據喜好採冷暖調性選擇。

圖片提供_帷圜・定制

復古軍綠色拉釦沙發，與同屬大地色的木地板和石墨色牆面相互印襯。

Tips 強韌的常綠植物比花卉適合帶來空間活力

如何讓粗獷頹廢Loft工業風空間，更適合成為居家起居，點綴一些植栽是不錯的方式，無論在視覺效果或環境健康都很有幫助，緩和結構和鐵件的冷硬氣息，強韌的常綠植物較花卉適合，爬藤類自然順著鐵件更有原始感，花器也是裝飾重點。

仙人掌明亮的綠色與黑色，和木質OSB板的黃色相映成趣，打造年輕活潑的氛圍。

圖片提供_惟圓・定制

鐵工訂製鐵櫃展現鐵板原始的紋路，仿舊處理產生鏽色更有老件韻味。

Tips　軟裝活用金屬色澤，為Loft工業風定調

鐵件金屬用在桌椅沙發等活動傢具能輕易成為視覺焦點，全金屬質感冷硬，作為零件搭配實木或皮革更適合日常使用；不同金屬的反光色澤會產生不同效果，除了經典粗獷黑鐵，可以選擇白鐵原色、未來感鍍鈦或溫暖的黃銅。

圖片提供_一它設計

Tips 收納櫃體材質要以對比色系強調或中和空間

單品傢具常見例如黑鐵枝條、鉚釘網格加上風化、二手木的粗獷組合，事實上若在結構硬裝上已經強調粗獷感，單品傢具可以混搭各式復古個性老件，或是簡潔的北歐風強調對比；量體大的櫥櫃，則要考量色彩、材質對整體氛圍的影響。

圖片提供_浩室設計

上／不鏽鋼烤漆櫥櫃配合空心磚牆，再以北歐風茶几單椅呼應清爽的樺木質感。
下／採用具鋸路紋的偏灰色木皮，搭配黑鐵網格，延續一貫的粗獷風格。

Tips 刷舊老件單椅、條板箱打破拘謹氣氛

精選老件能表現Loft工業風物盡其用、隨性不羈的特質，歲月痕跡帶來的溫潤質感，柔和軟化質感粗糙、色彩氛圍冷硬的硬裝，具時代感的經典甚至不需要特別限定風格，如果與屋主的生命經驗有所連結更好，顯示真實不矯情。

帶有彩色商標痕跡的舊貨箱隨意堆疊取代茶几，在嚴肅的灰階空間格外突出。

圖片提供_W&Li Design十穎設計

光美學吸睛元素
自然光／人造光

Loft工業風空間本身的一大特色就是大片落地窗，由於在極佳的採光下，即使大量使用厚重、冷調如黑色、鐵灰等，卻不會讓人感到陰暗，並能充分呈現建材紋理之美，但當室內的自然採光條件較差時，就要調整空間色彩的選擇和燈光配置。吊燈、壁燈或立燈等活動燈具會用來作為氛圍的營造；另外常見的例如裸露復古鎢絲燈泡、船艙燈，不加美化修飾就能展現原始樣貌的燈具，則表現了不羈性格。

Tips 軌道燈搭自然光普照，提供空間最佳底色

裸露管線的天花板，普照可採用箱燈、筒燈或軌道燈。活動軌道燈能聚焦特定部位，燈軌也有粗獷機械感，為天花板增添層次線條；建議選用色溫4000K暖白光，最接近自然光的色澤，材料色彩真實呈現，不會影響色彩計劃設定達成的效果。

白色天花板簡單乾淨，特製仿H型鋼可藏管線造型燈軌，用線條定義不同空間區域。

圖片提供_W&Li Design十穎設計

玄關投射燈強調混凝土模板肌理，造型鐵皮吊燈滿足裝飾和機能需求。

圖片提供_浩室設計

Tips　常用活動區域，優先規劃燈光配置

光線配置上，由於Loft工業風追求呈現材料紋理，因此要考量呈現景深和立體感，而不是均勻的普照，節制使用照明，加上考量居住者的生活方式與區域做規劃；例如以投射燈強調磚牆質地，或在日常使用的餐桌和書桌等配置必要的光源。

百葉窗調節光源，讓光線表情更豐富

大面百葉窗也是Loft工業風的特色；穿透百葉窗形成的光影，與空間內建材交會，自然形成濃厚的人文氣息；作為大面積配角，葉片色彩選擇上應該避免太活潑明亮的高彩度顏色，款式上太寬的木葉片效果則會接近為鄉村風。

圖片提供_齊設計

自然光經百葉窗在清水模壁面與木地板間形成光影，氣氛靜謐。

懷舊的黃銅框架工廠
燈，色澤溫暖明亮，卻
仍保有工業風粗獷感。

圖片提供_幃圓‧定制

圖片提供_浩室設計

攝影棚燈使空間有如拍攝
場景，聚光燈使同一色系
不同材質紋理更明顯。

Tips 造型燈具作為視覺焦點，暖色暈黃光增加溫度

工業風常用突顯原始結構的造型燈具，例如復古鎢絲燈泡、船
艙燈、工廠燈，與鐵件或混凝土元素結合等。活動燈具負責營
造氛圍，多採用3000K低色溫黃光，暖色系暈黃光線最適合營
造懷舊或溫暖的親密感，為空間增加溫度。

CASE

1

28坪・1人3貓・3房2廳・使用建材：樂土、空心磚、毛絲面不鏽鋼板、木作貼松木夾板／刷漆、自流平水泥地坪、超耐磨木地板

呈現材料原色的療癒貓窩

空間設計暨圖片提供_一它設計

色彩計劃	20%軟裝色	20%塗料色	60%材料色
	使用木百葉與不鏽鋼材質傢具營造俐落簡約的況味。	搭配自流平水泥、樂土等仿造清水模質地。	素材原色呈現，以不同質地如空心磚、木作夾板展現色彩層次。

選用耐看建材，軟裝點綴色彩
以建材原色呈現家居溫潤質感，木質色的 L 型
天花板量體不只有收納以及遮樑功能，也是貓
咪可自由穿梭的貓道。

沉澱與療癒暖色，成為與貓咪共處的小世界

屋主需求

　　對急診室醫師來說，工作處在每天高壓又隨時緊繃的狀態，所以家對屋主來說，不只是一個坐臥起居、吃飯睡覺的場所，更重要的能沉澱與療癒；而一家四口有三口是貓，當然不能忽視毛小孩的直接需求，風格顏色喜好，希望為一貫的率性且不要多加修飾的「粗獷感」，成就性格且溫潤色澤的「貓洞」。

運用素材原始色調，打造撫慰人心的空間

設計師觀點

　　「我希望能為長期處在高壓緊繃狀態的屋主，創造一個沉澱、放鬆、療癒的生活空間」一它設計的高立洋設計師，反覆強調的這樣的中心理念，療癒與粗獷，看似對比、不協調的風格，在他的手中，融合出讓人心生嚮往的美好成果。

　　Loft工業風的一大特色就是不加修飾，素材以本身的原色呈現，且以不同質地展現色彩層次。為了要達成屋主對於粗獷風的嚮往，空間內大量採用戶外建材空心磚，並搭配自流平水泥、樂土等仿造清水模質地，中明度的灰色讓空間本身形塑出沉著溫和的調性，並且搭配樺木夾板打造出線條洗鍊的木作量體，木材的溫潤質地帶來溫暖且療癒的效果，而在一派質樸原色中，不用高調色彩，用一張精心挑選的藍色貓抓布沙發，也讓整體空間瞬間有了活力。

　　在原本的三房格局，打通一間房作為書房，援引足夠的自然光，將客廳與餐廚區一起構成讓人舒心的開放公共空間；為了能更靈活使用，與主臥相隔一個走道的次臥，平日作為更衣間，只需拉上滑門，一樣可以讓來訪親友舒適地過夜休息，具有不受功能限制的彈性。設計師並針對貓咪的習性和日常動線，考量到垂直移動對豐富他們生活場域的重要性，以及公共空間遮樑的需求，打造出設計感十足的「貓道」———線條俐落的L型木造量體，以斜面設計減低視覺上的壓迫感，當中包含貓跳台、視聽投影和電器充電裝置等機能設備，成為空間視覺焦點，也兼具人與貓都適用的功能性。

材料色
＋
軟裝色

☑ 灰黑色系的不同建材，同時使用產生層次且不單調

餐廚區以空心磚組成中島，設計為視線可穿透的鏤空造型，避免
因遮蔽造成擠壓緊迫，並且搭配髮絲紋的不鏽鋼檯面。而在不同
材質和層次的灰色調與鋼筋腳架的吧檯椅上看似顯得剛硬，所以
在角落設置溫和明亮的木作櫃平衡了用色配比，讓空間呈現溫暖
氛圍。

材料色
+
燈光表現

☑ 樸質水泥灰色調空心磚，
營造粗獷風格感

空心磚材質粗獷，卻能讓空間在視覺與重量感上都較為輕盈，搭配H鋼特製電視櫃，展現出陽剛氣息；主牆配合天花板量體，依據人與貓使用時間的配比轉斜20度，使得進入空間時感覺較為深廣，主牆只需局部三角空間隱藏線路，不多壓縮客廳。而為了不影響公共空間的開闊效果和採光，又能避免貓咪進入書房區域，選擇用透明玻璃作為隔間牆。

溫潤老紅磚再現記憶中的微醺紐約

空間設計暨圖片提供_齊設計CHI DESIGN

色彩計劃

30%軟裝色
灰、黑色經典的老件元素，貫徹混搭精神。

20%塗料色
灰色樂土的清水模牆面，沉穩而不冷冽。

50%材料色
選用再生的老紅磚與裸露天花帶來空間的粗獷感。

材質混搭應用，展現個性美感
深淺梧桐木皮的斜線方式拼接展現工業風活潑
感，餐廚區的大理石桌與木紋立面、地板展現
多元材質的混搭運用。

工業風與現代風交織的大蘋果，復刻雋永回憶

屋主需求

紐約是見證夫妻兩人初相遇到開花結果，永遠會是有著美好回憶的特別存在，回到台灣定居後，屋主們希望能夠再現心中眷戀的場景。風格上，女主人期望能有表現Loft工業風的紅磚牆元素，男主人則是偏好冷冽大器的現代都會風；機能面上，家是放鬆和凝聚情感的地方，喜愛下廚的屋主時常邀請三五好友到家小聚，所以希望擁有不拘束的開放空間。

老紅磚、裸露鐵灰天花，打造自己的紐約Lounge bar

設計師觀點

對於齊設計CHI DESIGN的吳奇璇設計師來說，打造Loft工業風的重點，也就是「不拘泥」的原則，並且落實在素材的選擇上，「功課不用做那麼多，否則會跟別人一樣」設計師進一步解釋。大量使用黑鐵的咖啡店或許特色鮮明，但是運用於居家難免具有壓迫感，不見得耐看，因此齊設計投注於創造結合現代風、配合居家需求精緻化的「輕工業」，而這對對於紐約有不同想像的屋主，正好就是這項理念的實證。設計師根據他們時常在家聚會小酌的習慣，為兩種看似衝突的風格特徵，找到融合的基點：「帶有微醺感的Lounge Bar，沒有框架，能低調奢華卻又閒適隨性，，充分反映屋主的生活哲學。」

女主人想要的紅磚牆是帶有情感意義的物件，為此，設計師選用再生的老紅磚，其斑駁不均的色彩、不規則的毛細孔都是歲月的痕跡，也充滿真實溫暖的生命力，在進門可見的落地窗的兩側牆面，作為呈現老磚的主牆面，晚上襯著窗外高樓夜景，重現了紐約風情。為了避免大量使用紅磚會帶來鄉村風的制式感感，設計師以男主人偏好大器耐看的冷調灰色，作為空間基調，入口玄關區域以深灰色的板岩包覆、電視牆旁貼的灰鏡飾條則呈現俐落冷硬氣質，電視牆以具清水模質感的樂土，特地保留手作的不規則痕跡，沉穩卻不失溫暖也與紅磚牆相呼應。管線裸露天花帶來Loft工業風的粗獷感，設計師考量到高樓良好採光，將天花板塗刷為鐵灰色，藉此淡化管線線條的存在；而鐵件元素，則採用不鏽鋼原色，包覆在走道轉角四周，感覺更顯精緻但不奢華。

傢具傢飾則以屋主本身已有的物件作為基礎，貫徹混搭精神。將原有的木框沙發，搭配Mid-century modern 20世紀中期經典單椅、地毯飾布採充滿個性的高彩度色澤妝點空間，餐椅用不同材質的色彩混搭，乍看沒有規則的隨性配置卻充滿品味，也成功再現紐約公寓風情。

材料色
＋
塗料色

☑ **灰色樂土清水模牆面，調和紅磚空間風格**

樂土具有防水抗污的效果，並有多種色彩可選擇，灰色是仿清水
模常用的面材，質感較水泥粉光細緻，也可用不同施作方式展現
不同風格效果；中明度的灰色沉穩而不冷冽，加上手作不規則刷
痕，用以調和現代風與老紅磚。

軟裝色
+
燈光表現

☑ 現代感燈具、餐椅與木皮結合黑鐵件,展現率性混搭

粗獷隨性的Loft工業風,要混搭質感精緻細膩的現代風,看似用走道作為分野,但巧妙用了色彩鋪陳與材質細節看到彼此的痕跡,選用呼應現代風的燈飾和灰色餐椅,另一邊則打開原本封閉的廚房,增設中島吧檯,暖色中島的石材立面和木皮結合黑鐵件的玄關桌,巧妙結合了兩種風格。

軟裝色

☑ 理想軟裝來自生命軌跡，暖色系加溫讓空間不冰冷

Loft工業風常愛用老件，其實是來自最初就地取材、物盡其用的精神，最
理想的莫過於與自己有關的物品，屋主從紐約帶回來的車牌、親手打理的
綠色植栽都增添了書房的裝飾；主臥延續灰色基調，搭配黑色經典的皮革
床頭，有型且不退流行，並佐以暖色系寢具床組與活動木傢具，營造沉靜
私密的溫暖氣氛。

材料色
＋
燈光表現

☑ **夜晚光影透滲，善用燈具形塑出Lounge bar微醺感**

以Lounge Bar作為Loft工業風與現代風的交會點，燈具光源的配置成了氣氛營造的主要角色；玄關仿石材薄片的立面，搭配俐落現代風的吊燈，低色溫的暖色光也讓人放鬆。

5
Chapter

現代風
配色攻略&實用提案

step 1

硬裝與冷暖材質面選用要素
50% 材料色＋30% 塗料色

1. **天**：多以白或灰為主，並運用線條
化解空間侷限。
2. **地**：單一地坪用色，簡化空間視覺
及內外分界。
3. **壁**：以簡潔材質木、石、鐵件為
主。

step 2

軟裝與圖騰色系搭配重點
20% 軟裝色

1. **門窗**：透過材質及開闔的形式選擇，
變化視野及動線。
2. **傢具傢飾**：多用軟性材質，如布或藤，
軟化硬體建材帶來的剛冷。
3. **圖騰**：多以線條及幾何圖形為主，
建構簡潔俐落感。

現代風

step 3

光美學吸睛元素

1. **自然光**：除自然採光外，用調節及建
材創造光影變化。
2. **人造光**：以現代感燈具點綴、多光源
或間接照明突顯空間感。

有關現代風

　　「少即是多」是現代風的最高設計原則，讓看似簡單的現代風，其實背後隱含了很深的學問—「要簡單也要層次，要留白也要裝飾，要自然採光也要燈光佈置」，色調溫潤主要會以白、灰、木等中性色為主，但也會點綴一些鮮艷色彩做視覺跳色。

　　善用局部軟件如地毯、立燈、單椅等傢具或飾品，以暖色調或軟性材質，讓空間看起來不過於冰冷。選擇建材方面，例如天然材質的木、石、鐵件等，最能表現出現代簡單的精神，近年來更流行將仿自然材質的面材也納入，如樹脂塗料、仿清水模漆、薄石板／磚等。現代風的包容性也很大，可以混搭材質，但建議以重點式呈現即可。

How to do 配色完全通

❶ 灰色＋棕色：
白色、灰色及黑色均為中性色，為現代風格的百搭色，但為了中和這類色彩帶來的冷調，多半會運用溫暖大地色系，如棕色做搭配，運用在大面積的地板或是主牆面做調和；或如拋光水泥材質，佐以自然原木、皮革和亞麻織物等質感材料。

❷ 曙光青＋黃銅色：
曙光青是一種介於綠色、灰色和藍色之間，但偏灰綠，有流動感的微妙色彩，具有平和純淨的特質，也為陽剛的現代風格增添了幾分暖意；而金、銀、黃銅等金屬元素的加入，帶點奢華的點綴。

❸ 藍色＋白色：
色彩心理學中，藍色代表著理智、和平、寧靜、放鬆，並讓人聯想到藍天白雲與一望無際的海洋。因此運用在現代風格中，藍色所帶來的深邃、遙遠、廣闊的感覺，正好與白色或灰色基調的冰冷中和。

硬裝與冷暖材質面選用要素
50%材料色+30%塗料色

現代風的地坪設計，多為單一材質或公私分界的處理，會讓大面積空間更顯簡潔俐落，而反觀天、壁較沒有限制，可以透過直線、斜線、弧形、圓角、幾何等元素，運用拼貼、拆解、對比、整合與串聯等設計手法呈現，甚至運用異材質的搭配，蘊含機能於其中，想像無限且創造居家設計的豐富多變。

Tips 善用灰、白、木色做空間量體切割

以往用大尺度的量體切割來界定空間，相較於傳統「黑白灰」為主色調的配色，現代人更講究溫暖的氛圍，因此多改為「灰、白、木色」來作為空間量體切割，採用無彩度的白或灰為空間主調，在搭配木色中和在地材或傢具上，營造溫暖及帶點人文風格的視覺及觸感，局部再用鮮艷色彩做跳色搭配，會讓空間更顯層次。

以灰、白、木色強化空間的簡潔俐落，寶藍色絨布沙發成為吸睛跳色。

圖片提供_工一設計

上／以天圓地方、山水意境
為設計概念，運用暖白色圓
弧造型天花板，給予人遼闊
的視覺感。
下／天花線板採脫溝的造型
設計，在拉高天際線的同
時，也能中和過於陽剛的線
條感。

Tips 淺色造型且脫溝天花板設計，
拉高天際視覺

相較於天與壁的多樣化建材及用色，淺色天
花設計有拉高天際視覺效果，更有釋放壓力
的氛圍。同時應用弧形線條及脫溝的設計手
法，不但能中和現代風格強調的縱橫線條及
過於剛性材質的運用外，更能豐富的視覺層
次。

圖片提供_新澄設計

無接縫的人字拼貼地板，會讓
地坪視覺一致性，且有引導及
延伸效果。

圖片提供_璞沃空間/Puro SPACE

無縫淡灰的盤多磨樹脂地
坪，突顯豐富的壁面肌理
及色調，例如銀狐大理
石、木格柵牆及藏青色編
織壁布。

Tips 無接縫地坪，突顯壁材肌理

過多的線條，也容易使講究簡潔的現代風格產生一種制式
感，因此利用「大尺度」或「無接縫」的地坪設計，例如寬
板木地板、無接縫人字拼貼地板、磐多魔等鋪陳公共領域，
與壁材的石材肌理或豐富顏色的牆面形成對比，讓空間擁有
視覺重點。

明亮的灰綠色背牆帶來療癒般的視覺力量，20公分高的
踢腳板突顯現代美式風的大尺度空間感。

圖片提供_新澄設計

Tips 塗上清新優雅色牆，帶來療癒感

在講究自然的現代風中，透過清新優雅的藍與綠色系都是不錯
選擇，會讓人聯想到藍天、大海、森林等愜意畫面，牆面塗刷
選擇範圍依照整體坪數大小比例配置，儘量維持白牆與色牆採
1 比 1呈現，降低複雜背景環境，還有切莫貪心選擇超過三色
的組合。

Tips 以金屬線條勾勒出空間的精緻度

現代風格的線條並不是只有黑與白色兩種，運用金屬俐落線條，如鍍鈦
或鐵件的金色、銅色或黑色等，融合於純白空間裡切割出精緻度，例如
櫃體邊緣、把手及門片線條、轉角柱面、餐桌燈具等，勾勒出具有質感
的現代美學，並能與大面積的純色天花及壁面形成有趣的對話。

圖片提供_工一設計

左／運用黑色鐵件框住櫃
體的壁面，形成俐落且精
緻的視覺效果。

右／在以白色為基底的公共空間
領域中，能用鍍鈦金邊勾勒出質
感線條。

圖片提供_新澄設計

餐廳大面白牆搭配黑白花
樣門簾,產生冷暖對比色
系的互動。

圖片提供_懷特設計

圖片提供_工一設計

黑晶石石皮的粗獷感與
電視牆木格柵的細緻形
成了材質間的對比。

Tips 粗細線條VS冷暖色系的材質對比運用

現代簡約風最喜歡運用材質或色彩的對比手法,搭配簡單的線
條設計,勾勒出品味的層次與內涵。例如:冷調的白色牆面搭
配木色巨大櫃體,又或木紋隔柵櫃體形塑光影變化,對照粗曠
黑晶石皮牆面,賦予粗細線條與冷暖空間調和精神;又如白色
壁面搭配反射材質的金屬櫥櫃面板,形成冷暖對比互動,讓風
格中透露著一絲摩登效果。

軟裝與圖騰色系搭配重點
20%軟裝色

現代風最常使用白、灰、黑及棕色等中性色。櫃體因應收納機能，採開放或隱藏式設計均有，但流暢線條不做繁複的裝飾要求，是現代風的必要語彙。傢具傢飾方面則靈活度較大，特別在色彩搭配能夠是對比也可以是相襯。門窗設計也視為一種線條的展現，透過材質的不同、開闔形式的選擇和外觀造型的設計，讓一扇門窗擁有無限變化。

Tips　大地色皮件妝點，讓現代風呈現摩登韻味

讓現代風帶點時尚感，皮件會是很好的搭配元素，例如皮件掛鏡、座椅或桌櫃等，藉由冷調的線條以及運用大地色系的皮革貼合和包覆，再運用車線的手工呈現，能營造溫暖的設計張力。

皮件書桌映襯出現代風格的質感，白色車線則呼應現代簡潔語彙。

圖片提供_工一設計

玄關的復古藤編門片與紫色地毯搭配，對照出簡約的線條門片，形成有趣對比。

圖片提供_新澄設計

圖片提供_工一設計

主臥衣櫃門片以白色藤編門片，讓空間有種精緻的現代美式手感氛圍。

Tips　藤編材質門片，柔化簡潔線條切割

現代風並不是只有剛冷的線條形式表現，透過顏色及材質轉換，也能柔和空間線條，例如運用藤編等自然材質的經緯交織手法，應用在門片上，不但使櫃體透氣，也讓空間呈現一種溫暖的手感效果，兼具美感與實用。

Tips 挑選俐落弧形傢具，柔化色系且豐富空間線條

為因應現代風空間中簡潔線條及過於方
正的量體設計，因此在挑選傢具及傢飾
上，建議採用圓弧形造型當柔化色，例
如圓弧椅背的餐椅、圓形餐桌或是茶几
等等，能讓空間看起來更多元化，表情
也更為豐富。

挑選弧線條的活動傢具，讓空間
表情不至於過於剛烈。

圖片提供_新澄設計

圖片提供_璞沃空間/Puro SPACE

圓弧形餐桌椅及圓形茶几的線條造型，不但與柔化現代風格的直線，也呼應圓弧天花設計。

稻香色臥房中,搭配灰色
階的軟裝及壁面帶來平和
安定的力量。

主臥藉由深灰及淺奶色
的主牆面中和空間的冷
暖調性;而主臥衛浴門
口的鏡面,加強反射視
覺感,創造出明亮的生
活氛圍。

Tips 大地色與灰階軟裝的安定力量

現代風的軟裝色彩,除了黑與白外,並不一定要使用很鮮豔搶
眼的顏色,運用中性的灰色階與大地色做搭配,用一冷一暖
的色系調和空間的寧靜效果,特別在私領域的寢室空間,反而
具有安定的力量。且搭配例如繃布、地毯、沙發或窗簾、傢具
等,反而能產生中和效果,空間更有層次。

KEEP CLOSE
TO NATURE'S HEART,
BREAK CLEAR AWAY,
ONCE IN AWHILE,
AND CLIMB A MOUNTAIN
OR SPEND A WEEK
IN THE WOODS,
WASH YOUR SPIRIT
CLEAN

Tips 局部紫色點綴，調和純白空間

紫色代表尊貴，紫紅色則給人溫暖的鼓勵，紫藍色則具有療癒和包容的效果。因此在講究簡潔且淺色系的現代風格中，在局部的軟裝搭配上運用紫色來過渡或調和色彩配色，更能豐富空間表情。

灰綠色客廳背牆、藍綠色壁畫和藍紫色地毯，調和了整體的空間表情。

圖片提供_新澄設計

3　光美學吸睛元素
　自然光／人造光

現代風在自然採光部分，除了運用大窗引進光線外，也會透過調節光源的窗簾或百葉來營造居家光影變化。人造光源的部分，為營造現代風格的空間氛圍，也漸漸捨棄主燈，以多光源或間接照明突顯出空間感，例如使用可調整的軌道燈或現代感十足的燈具，放在空間角落營造局部光源。另外，透過建材與採光產生連結，透過光影的反射創造獨特的生活氣氛，精緻有趣的設計巧思，讓建材搭配成為另類提升室內光氛的設計元素。

Tips　反射材質引光深入，放大視覺消除昏暗

當空間格局配置的玄關及廚房位於最裡面時，導致無對外採光產生的昏暗感，能透過反射性材質，如玻璃鏡面、大理石、金屬等，讓公共空間的自然光源可以反射或折射進室內，不但有放大空間的視覺效果，更能釋放昏暗場域所帶來的壓迫感。

玄關鏡及白色大理石能折射採光，放大空間感，藍綠穿鞋椅成為跳色。

圖片提供_新澄設計

圖片提供_璞沃空間/Puro SPACE

為刻意輕量化銀狐大理石
帶來的量體，透過底部打
燈營造飄浮感。

Tips　嵌入光帶巧妙運用色溫，輕盈化大型量體

現代風無論是天或壁面所設計的巨大量體往往會讓人產生厚
重或沉重感，因此運用脫溝或飄浮式設計手法將量體切割或
抬高，再巧妙透過嵌入LED光帶隱藏其中，可以透過光線色
溫的折射或反射，營造出量體輕盈化的視覺效果。

電視主牆的木紋隔柵紋理讓
光線沾附於表面，呈現輕柔
表情。

圖片提供_工一設計

圖片提供_璞沃空間/Puro SPACE

玄關門片的格紋玻璃拉
門，讓採光進入玄關，
也帶來有趣的光影變
化。

Tips 漫射光影變化，突顯材質漸層色

現代風格不只要求空間明亮，更十分講究光影變化。因此會
利用一些材質特性，透過光線照射下形成有趣的光影變化，
豐富空間表情，例如利用木格柵在空間呈現光影明暗、格紋
玻璃的光影線條、金屬材質的反射光源等等，讓光線形塑出
色彩的漸層感。

為呼應沙發背牆的山形語彙，一盞圓形鏡面燈具形塑明月意象。

圖片提供 璞沃空間/Puro SPACE

Tips 特色燈飾會讓現代風格的氣氛、美感再升級

燈具和傢具都是構成室內空間環境的基礎，特別在現代風格的居家設計裡，挑選設計簡潔、造型結構具有特色、充分光源照明效果的燈飾，能將家中的空間氛圍及建材的肌理紋路等，表達得更加清晰和深刻。

CASE

1

100坪・夫妻、小孩X2・3房2廳2衛、1多功能室・使用建材：石材天然礦物特殊塗料、進口木地板、日本文化石、進口磁磚、薄石、鐵件、鍍鈦

中性灰佐以低調彩度，以窗為景的城中謐靜

空間設計暨圖片提供_源原設計

色彩計劃	**10%軟裝色**	**30%塗料色**	**60%材料色**
	尺度小且低矮型的傢具陳列，顏色多佐以藍、菊跳色。	全室牆面與天花採機能型礦物塗料塗抹層次手感。	不同層次的「灰」貫穿空間，並以原始自然取材搭配。

設計的歷久彌新，引領返家的光束

玄關入門處，用光帶 L 型嵌入牆及天花中，
如同一扇科幻門般，區隔了戶外與室外的差
異，也表述出回到家的一種儀式感。

把繁忙留在戶外，低彩度下享受慢活

住所處於樓高且附近沒有遮蔽物的位置，採光通風良好，所以期望保留所有窗景，讓視覺能延伸看到101及遠山。二個孩子還小，希望將空間做極大化處理，讓客、餐廳是一完整空間，並將串聯公私領域的書房兼遊戲間採彈性隔間，方便照料孩子。夫妻因工作繁忙回家時更想安靜，以低彩度的空間用色讓回家時能快速沉澱心情，享受家人間的共處時光。

極簡的中性灰，突顯內靜／外動高反差

設計師觀點

這個位在高樓層頂端的大坪數住宅，因為地理環境及基地關係，造就每個空間都擁有良好戶外視野，更映襯腳底下城市的喧囂繁忙盡入眼簾，卻超然而不受影響。為將都市繁忙與室內謐靜形成高反差與對比，在快／慢、動／靜、剛／柔、繁忙／悠然之間得到美麗的平衡，成為設計的開端。

利用戶外為景的靈感，將室內的彩度壓至最低，以不同層次的「灰」貫穿空間，並以原始自然取材做搭配，以彰顯謐靜而慢活的生活風格。因應N字的平配及2大2小的居住人口，因此建議房間數不要多，以開闊的空間規劃為主，並採三個回字動線串聯彼此。為呈現現代的極簡風格，全室採進口的天然礦物塗料在天花及壁面呈現，其如沙光般的灰色調在光影下，透露原始肌理般的生命內涵，地板則以暖色調木地板平衡。

從玄關入口開始，一條光帶以 L 型嵌入牆及天花，如同一扇科幻門般，區隔戶外與室外的差異，啟動「回家」模式。轉進客廳後，一整面鳥瞰城市的落地窗景成為空間主視覺，寬敞明亮的如同身處空中陶花源，而空中花園的綠意是生活撫慰的能量。圓弧波浪的造型天花，呼應戶外的遠山浮雲起伏，也柔和灰色空間的冷。以銀灰薄石及黑色鐵件打造的電視牆，構畫出山水層次意境，也反應在餐廚空間裡，用不同材質的深灰、木、白色系交織出層次感。同時，更善用黑色框線在牆面及拉門上，創造出裡外對話的框中之景，作為空間及心情的切換過場。

書房兼兒童遊戲間作為公私領域切換的和諧過場，咖啡色調主牆更以戶外文化石磚牆直線陳列。巨大的黑色展示書櫃則輔以各種角度的木色擋書板，形塑空間線條表情。主臥以兩座灰木色櫃遮隱著寢區、小起居室與衛浴的回字動線，低彩度的皮件沙發傢具，將戶外視覺一覽無遺，更坐擁天光山水一色。以銀弧大理石鋪陳的主臥衛浴，打造清水膜牆面掛著兩座圓弧鍍鈦鏡面，搭配銅製洗手檯面呈現典雅，並串聯至更衣間，成為一獨立空間及動線，當女主人在此使用時，完全不會干擾至男主人睡眠，達成由內而外一片謐靜之美。

材料色

☑ **灰色基底下，以咖啡色文化石做為公私分界**

作為公私領域及動線切換的和諧過場區域，也是孩子主要遊戲區，運用日本進口的文化石磚牆，轉成90度的直條式貼磚排列，佐以大地色系的咖啡與灰色間交錯著，一方面拉高天花的視覺效果，再則呈現現代自然風格。

☑ 以柔性傢具及飾品，中和灰色空間的剛冷

如果說灰色牆面太過陽剛或冰冷，那麼圓弧天花及軟件的搭配就是來中和的柔。白色紗質窗簾調整及柔和光線，以圓形茶几及灰色絨布沙發為空間定位外，頭靠背還可電動調整使用。以兩塊羊毛地毯切割客廳的對內向外的動線，深咖啡色碎格子地毯主內，藍色格子主外，呼應蒼芎天色，一張背靠沙發的休閒單椅，可以眺望窗景的藍天，也可看顧孩子的活動。

☑ 電視牆流金灰薄石＋黑鐵，呼應戶外景致

全室的牆面及天花均採由來自比利時的機能型礦物塗料Mortex
塗抹出層次手感，同時本身還可調節濕氣。而電視牆面為另一視
覺焦點，則應用更深的流金灰薄石，搭配黑色鐵件外框，營造一
種戶外山水層次意境，與大落地窗景相呼應。

材料色
＋
塗料色

☑ 灰、黑及褐色搭配，冷暖色澤的視覺調和

屋主有傳統料理習慣，因此在廚房與餐廳之間設計對開拉門方便彈性變化。延續公共空間的灰，在廚房以深灰延伸視覺，但在牆面及地面採用仿天然礫岩石，除具有抗菌耐燃高強度特色，容易清理保養，在各色灰階的礫岩交錯下，與木色中島立面相吻合。至於考量櫥櫃量體結構性及收納機能，採深灰霧面烤漆做非對稱變化，並在靠近拉門處，以黑色鐵件及煙燻木皮產生冷暖色調反差感，讓櫥櫃像藝術品般優雅。

材料色
＋
軟裝色
＋
燈光表現

☑ **兩座橫向深灰木皮櫃，界定主臥場域及動線**

主臥動線以牆面及兩座採義大利TABU染色木皮橫貼設計的衣櫃做遮隱，區分出右邊的寢區及起居室，以及獨立衛浴與更衣間。太過厚重的量體容易帶來壓力，因此在寢區隔間櫃上，以一個木質色櫃體斷開手法做輕量化處理；起居間的電視櫃體則以鏤空設計處理，讓光線能從窗或從牆壁的毛細緩緩滲入；帶點灰綠色的進口手刮老橡木地板，搭配尺度小且低矮型的傢具陳列，並且佐以亮眼的橘為空間跳色，營造出整體居家視覺的舒適感受。

材料色

☑ **清水模牆暖化銀弧大理石鋪陳，
享受泡浴的輕奢氛圍**

主臥內的衛浴以銀弧大理石鋪陳，並以金
屬色系的圓弧浴鏡調和清水模牆的剛冷，
臨窗的獨立浴缸更能延攬一窗美景；並串
聯至更衣間，成為一獨立空間，達成由內
而外一片謐靜之美。

6
Chapter

鄉村風
配色攻略&實用提案

step 1

硬裝與冷暖材質面選用要素
20% 材料色＋30% 塗料色

1. **天**：以原木色延伸至天花，營造鄉
   村小屋質感。
2. **地**：木地坪提供舒適踩踏觸感與沉
   穩空間底色。
3. **壁**：透過石、磚、木、壁紙等具手
   感與溫潤色調的材質鋪陳。

step 2

軟裝與圖騰色系搭配重點
50% 軟裝色

1. **門窗**：講求細膩線條的裝飾性與和
   諧配色。
2. **傢具傢飾**：運用舒適且療癒色彩來
   豐富並柔化空間。
3. **圖騰**：碎花、格紋、線條、花鳥紋
   飾圖騰，展現清新優雅。

鄉村風

step 3

光美學吸睛元素

1. **自然光**：開放格局或百葉型彈性隔間，
   援引自然光讓空間輕盈寬敞。
2. **人造光**：多層次照明搭配美型燈飾，
   營造溫暖色溫。

有關鄉村風

　　起源於歐洲，在不同地域有了多元的設計演化與配色表現，譬如美式的明快大氣、法式的細緻浪漫、英式的恬適寧靜、北歐的明亮簡約、南歐的粗獷濃重。不論哪個類型的鄉村風，都強調一種回歸質樸的中心精神與生活態度。

　　建材多從大自然中取材應用，硬體與傢具使用了大量的原木、石材、磚等，材料處理上盡量保留天然的肌理，有時也會應用「刷白」或「仿舊」來增強歲月痕跡，藉以增添質樸不造作的生活手感。軟裝布藝、燈具傢飾，也是形塑鄉村風的重要環節，透過燈具本身的高度裝飾效果，以及多層次照明光源的搭配，能使空間色溫柔和溫馨；軟裝布藝主要為觸感舒服的棉麻布品，能局部點綴、也能襯托出整體空間的色彩能量。

How to do 配色完全通

❶ 黃色＋磚紅色：
常見石材、陶磚與紅磚牆等大地色場景的經典元素。其中，黃色系與磚紅是最佳的互襯色彩，恬淡的淺黃或是可創造普羅旺斯之美的赭石黃，幾乎任何色階的黃都很適合與磚紅搭配。

❷ 綠色＋白色：
白腰牆與主色的搭配方式可增加空間立面層次，同時也能讓視覺重心轉換，達到放大空間的效果，其中綠與白則是不敗配色之一，明度較高的淺綠，視覺上充滿盎然生機、帶灰的深綠或橄欖綠則有安定氣息，搭配白色則增添了一絲療癒清新。

❸ 綠色＋橙色：
運用溫暖色系，透過飽和、對比的配色，營造出田園生活與大地收成樣貌，常由植物、花卉、果實、農作物等激發配色靈感來源。自然界的橙與綠，具有豐收、滿足的感受，因此成為鄉村風中常見配色。

硬裝與冷暖材質面選用要素
20%材料色+30%塗料色

強調溫暖手感的鄉村風，在硬體裝修上以木、石、磚、藤等材質，表現出材料的原始況味與大地色基調，例如木的樹紋節理所散發的自然感，石的粗獷肌理所呈現的質樸回歸。鄉村風較少使用冰冷、沒有溫度感的硬體材質來詮釋空間，而是透過淡雅清新的塗料色彩，或是舒壓療癒的碎花壁紙圖騰、繽紛熱鬧的花磚等，運用異材質的搭配組合，呈現高度包容性色彩的鄉村風空間樣貌。

Tips 自然木色橫樑，打造渡假般悠閒情調

利用斜屋頂或實木橫樑打造天花，將自然木色延伸至空間上方，使天花不再是呆板單調的一片白，空間瀰漫一股歐洲鄉間小屋的悠閒情調。若天花條件不夠高挑，也可應用原木片、木條，以「平鋪」或「魚骨排列」方式，既能打造出相同的木屋效果，又不易產成壓迫感。

斜屋頂搭配魚骨排列出原木天花的層次感，引領視覺向上凝聚延伸，使空間產生更高挑、放大效果，色彩上也增添一絲木的溫潤質感。

圖片提供_原木工坊&客製化·手工實木傢具

利用線板串連木作腰牆、天花與壁紙，使灰色調底牆產生更深的進退層次感。

Tips 線板與腰牆，色彩層次堆砌與延伸修飾

線板是鄉村風硬體裝修中極具代表性的裝飾元素，除了直線造型線板之外，也有各種雕花。線板的應用，能使一個平板的立面加深立體感，並分割出更好的視覺比例。主要可應用於天花、踢腳板或是門窗框、腰牆上，提高設計細膩度。至於色彩上，線板可與底色相同，成為低調的紋樣裝飾；若與底色做出差異配色，則可突顯鑲邊效果並提升空間配色層次感。

Tips 石材與磚呈色，質樸多元的手感拼貼

木質之外，石材、磚材也是鄉村風空間中不可或缺的裝修要素。除了呈色自然樸實的板岩、文化石磚，另外常用的還有大地、赭紅色系的復古磚、圖樣與色彩豐富的手工釉燒磚等，能為地坪或立面鋪陳出更多變化，常用於玄關、餐廚、衛浴或客廳，有時也會搭配馬賽克嵌貼點綴。

圖片提供_摩登雅舍室內設計

淡黃橘色的文化石磚拼貼，其拱頂形式，使餐廚櫃有種岩洞地窖般的造型趣味；左牆則為藍綠色手工釉磚，而地坪花磚的橘與藍，則是綜合呼應了兩面牆的色彩。

表面打毛的磚牆肌理變化，使白色立面不會過度平板單調。右側門片與櫃體皆為松木材質，透過深棕染色與淺白粗磨，調整視覺輕重，門片上並採用相同的松木以染黑仿鐵方式，做出黑色窗花效果。

圖片提供_原木工坊&客製化‧手工實木傢具

Tips 材質面應用粗獷肌理與刷白仿舊手法

除了表面具天然肌理紋路的素材（石材、磚材、特殊塗料等），鄉村風也會運用特殊處理手法，如木材染色、刷磨、仿舊、壁面打毛讓局部裸露紅磚等，來強化材質面的粗獷手感或歲月痕跡，看起來舊舊的，反而蘊含更濃厚的人文故事與生活感。

選用木紋清楚、帶有自然深淺色澤變化的木地板，以平行與十字織紋般交錯的拼貼方式隱性劃分空間，木地坪並襯托同色系皮革沙發、淺灰藍壁面，共同鋪陳出微復古的英倫情懷。

節理、木色、拼貼方式，調整木質的輕重感

木地坪在視覺感官上，能讓人感覺到溫馨放鬆；在溫度調節上，其熱能變化較溫和的特性，就算赤腳踩踏起來也很舒適。鄉村風空間經常選用表面刻意強調樹紋節理的木地坪，以表現出自然風貌，色澤上透過染深，能加重地坪的沉穩感；淺色木紋或輕染色，則能為空間帶出清爽色調。

圖片提供_原木工坊&客製化・手工實木傢具

軟裝與圖騰色系搭配重點
50%軟裝色

隨著時代的演變，鄉村風漸漸朝向更簡約的方向調整，硬體裝修上不再過度下文章，反而強調應用多點軟裝的比例來形塑空間。各項傢具傢飾，能讓人清楚感受到琳瑯多元色彩以及質感多變的搭配，包括溫潤的原木傢具、棉麻織品、皮革、綠色植栽、老件擺設，或是陶瓷門把、取手五金，藉由柔軟舒適的觸感或紓壓療癒色彩，使空間色調豐富柔和，呈現充滿「生活感」的空間韻味。

图片提供＿尚展空間設計

Tips 壁爐設置，溢入暖意色澤的造型裝飾

鄉村風空間中，壁爐或壁龕具有畫龍點睛的點綴效果。在歐洲冬季較濕冷時，壁爐燃木可以為空間加溫除濕，位處亞熱帶氣候的台灣，雖然對於傳統燃木壁爐需求較低，但仍可運用壁爐意象結合電熱器、壁掛電視，或做成展示收納平台，成為兼具美型與實用的空間裝飾。應用與壁面相同的木作顏色，或磚紅底面搭配原木，便可在家中營造童話般的圍爐相聚幸福感。

客廳白色主牆，對稱的希臘式木作立柱中間，透過線板搭配灰色素雅的大理石材，打造出簡約風歐式壁爐，中央嵌入擬真火電暖爐，成為閱讀角落的最佳造景。

圖片提供_尚展空間設計

上／座椅選用深咖啡皮革沙發，搭配兩張色彩淡雅的布質單人椅，運用色彩與質料的差異性，帶來視覺感受上的輕重變化。
下／白色高明度的空間背景，以深咖啡沙發搭配亞麻大地色傢具織品、懷舊老件蒐藏品，展現沉穩雅致氣息。

圖片提供_尚展空間設計

Tips 典雅造型沙發，搭配二手老件與生活感小物點綴

除了木傢具之外，鄉村風在客廳座椅的挑選上，不一定會是成套整組的沙發，反而經常運用不同款式、不同材質花紋的耐看復古布沙發、皮沙發或單椅作混搭，可能是古董或二手傢具老件，也可能是仿舊處理的全新皮沙發，布沙發部分則以素色織紋或小碎花、條紋、格紋等經典印花為主。不論哪一種類型的沙發，通常還會搭配一些抱枕，並藉由抱枕的色彩或花紋，依季節或心情不同來調整搭配。

雙開白色門片上，裝飾有
如浮雕般的圓形門花，搭
配銀色紋路把手，便能感
受到古典鄉村的精緻。

圖片提供_尚展空間設計

圖片提供_摩登雅舍室內設計

線板加上拱頂弧形，打
造白色素雅的通道門
框，兩側以簡化的立柱
線條做裝飾；右後方則
是風格對比、充滿個性
的穀倉造型門。

Tips　門窗裝飾，著重均衡對稱與素雅色澤

不論是通道門窗，抑或是櫃體門片，鄉村風在框格與門
板上的設計，重視對稱平衡與細膩豐富的線條，有時也
會揉入地中海風格的圓拱與弧形，或是做成立柱形式的
門框裝飾。至於門板造型變化也相當多，包括格子門
片、百葉門片、企口線板門片、網狀窗花門片等等。運
用對比或和諧色彩的搭配，可適度強化或減弱門片窗框
於空間中的存在感。

開放式廚房空間裡的餐桌，選用顏色較深暖的柚木，讓桌子能從同樣是木材質的地坪中跳脫出來；中島吧台兩張芥末黃綁布高腳椅，則與壁面的 Andy Warhol 畫作色彩兩相呼應。

圖片提供_爾聲空間設計

Tips 暖色原木與藤編傢具，為空間帶來沉穩色調

自然的木材質或藤編傢具，不論是搭配較多留白背景的北歐鄉村、日式鄉村，或是色彩瑰麗繽紛的南歐鄉村風，皆能透過木質的溫暖與原始自然感，為空間帶來沉穩色彩基調，使人心靈內在更加安定。原木傢具有時也會透過表面特殊仿舊、打磨處理，突顯充滿歲月刻痕的懷舊印象。

空間設計暨圖片提供_陶蘡空間設計事務所

左／書櫃採用與奶茶灰極為相容相襯的灰藍色，靠窗處的臥榻布面則是選用灰藍與深奶茶相間的寬窄條紋。
下／書房中運用臥榻，透過白色語彙將整個書桌、書櫃與腰牆的設計連貫整合，臥榻底座附實用的抽屜，軟墊則是與深粉紅壁面同色，並加上花草圖紋增加視覺裝飾效果。

圖片提供_摩登雅舍室內設計

Tips 臥榻顏色、花紋搭配，營造舒適小角落

隨意躺臥的舒適臥榻，營造一股令人放鬆的環境氛圍，藉由不同顏色花紋的軟墊套搭配，使其與整體空間色調相輔相成。量身訂製的臥榻，能根據空間條件修飾、整合畸零角落，臥榻下方空間也可增設收納機能，若沙發座位不夠則還能成為彈性的座椅擴充。

Tips 陶瓷、鍛鑄鐵件，用色美感加分的軟裝細節

要打造整體感更臻完美的鄉村風空間，得留意小細節上的色彩與材質搭配，譬如門扇或抽屜的把手與門鈕，繽紛彩色的空間可能會挑選精巧可愛的陶瓷，古樸大地色調可能就傾向搭配仿舊處理的鑄鐵，不論陶瓷、鑄鐵、銅製或皮革的五金門把或局部裝飾，搭配得宜便可為空間美感加分，質感更突出。

廚具以深淺配色的原木為材，門板表面刷白後做仿舊處理，營造粗獷自然的肌理與色調，搭配復古味的象牙白陶瓷把手、鑄鐵把手，以及染黑處理的實木塊把手，提升櫃體細膩度。

圖片提供_原木工坊&客製化‧手工實木傢具

Tips 運用多元壁紙，作為不同色調間的中介

壁紙為鄉村風中經常使用的壁面裝飾，想快速改變單調壁面色澤增加活潑感，能選擇施工難度較低的壁紙。壁紙花色選擇繁多，可依個人喜好與居家風格做選擇，且質料並不侷限一定是紙，可能取材自大自然，如樹枝、草編等，也可能是皮革、布料，或混搭石材壁磚，不同材質的花色互相搭配，能讓空間更具質感及變化。鄉村風壁紙常見圖騰如碎花、格紋、線條、花鳥紋飾等，展現清新優雅的氛圍。

圖片提供_摩登雅舍室內設計

左、右／花草藤蔓圖案，多運用在鄉村或古典風格，若牆面貼了花色強烈的壁紙，建議該空間陳列的傢具、傢飾、窗簾或藝術品，最好為同色系的素色品，比例上一個空間中最多施作一至兩面牆即可，降低使用比例避免花色過於繁雜，較能清楚呈現主題，整體也不會過於雜亂。

圖片提供_陶璽空間設計事務所

為了淡化過於濃重的傢具色彩，透過多彩條紋的主牆壁紙去減弱、移轉注意力。同時與淡粉藍的半開放更衣間，彼此間協調融合，形成重色與淡雅色的中介橋樑銜接。

圖片提供_摩登雅舍室內設計

光美學吸睛元素
自然光／人造光

鄉村風起源地的歐洲，位處緯度較高、日照較短的區域，也因此更重視空間的格局與採光，運用開放或半開放式格局，以彈性隔間或活動式開窗，使光線可自由穿梭入內，空間色彩看起來較不會有幽暗的感覺，視覺也更為輕盈寬敞。至於燈具挑選，除了照明之外，也極其重視裝飾效果，例如帶點華麗氣息的水晶吊燈、骨架採用銅鐵仿舊處理的蠟燭燈或油燈等復古造型，透過多層次照明，讓空間色調在明暗對比上，顯得更柔和舒適。

圖片提供_摩登雅舍室內設計

Tips 調節式葉片，兼具
採光與空間顯色效果

百葉窗水平葉片造型，能為空間增添優雅線條延伸，透過葉片的調節，則能兼具採光與隱私需求，使光線自由穿梭入內，在光線充盈的條件下，室內不論是淡雅配色，或是用色大膽濃厚的黃、綠、藍等色牆，都能有良好的顯色效果。

客廳側牆大面積連續的百葉窗，充分引入戶外自然光線，窗框間隙短牆採用深粉紅色，與空間中的玫瑰金希臘羅馬紋飾呼應，傳遞杜蘭朵公主般的華麗浪漫。

落地燈、壁燈與桌燈，藉由白色透光燈罩的元素串聯，使得多元燈飾也能有異中求同的和諧感。

圖片提供_尚展空間設計

Tips 多層次照明，營造冷暖平衡的空間色溫

鄉村風講究光影氛圍，因此會透過不同的光源角度，譬如光源向下的直接照明、向上的間接照明等；或運用多層次燈具搭配不同色溫燈泡，如主燈光源選擇中性光，以提供足夠的照明度，其他燈具如立燈、壁燈、桌燈等則選擇暖光，藉以營造溫暖的空間色溫。透過多層次的照明搭配，使空間色溫冷暖平衡，創造更柔和的室內光線。

Tips 美型吊燈，金屬或木色骨架搭配特色燈罩

鄉村風空間中的燈，不只單純的具有照明功能，也相當重視燈帶來的裝飾效果，尤其是吊燈，外型富有設計感，骨架多以木質、鐵件、銅金屬等深色材質，勾勒出骨架的線條美感；而燈罩也各異奇趣，彩繪玻璃、手工玻璃、復古玻璃、布藝燈罩、油燈造型等，有的還會搭配水晶或蠟燭燈泡，結合向上投射的光源，能作為基礎照明也可營造出情境效果，且燈具本身也兼具觀賞性。

圖片提供_爾聲空間設計

左／樹葉散開意象的Moooi經典吊燈，淡雅白的燈具顏色、細緻骨架，並將燈座設置在床尾處，與淺灰藍的臥房色調極為搭配。

右／餐桌上方的法式宮廷風格吊燈，古銅金色骨架搭配蠟燭燈泡與水晶鑽飾鑲嵌，讓淺色為主的空間色調，也不會顯得蒼白單調，反而具有精緻的奢華感。

圖片提供_摩登雅舍室內設計

Tips 玻璃格門VS彈性隔間，援引自然光提亮室內配色

光線充足明亮的居家，能予人朝氣舒適的環境印象，透過半開放式活動隔間或穿透感的門窗設計，例如玻璃格門、非封閉的短牆、摺疊門或推拉門等，來提升室內的引光效果，可放大空間感、視覺上更為清爽無壓，同時也可使明度較低或帶灰、色調較重的空間配色，能有更好的顯色表現力。

書房的連續開窗，讓室內洋溢著充足的日光照明。特別將書房入口牆拆除，改為白色大片雙開玻璃摺疊門，使鄰近的餐廳與粉紅色廊道變得更明亮。

圖片提供_摩登雅舍室內設計

圖片提供_爾聲空間設計

白色紗質落地簾保留清透的自然光線，人字拼貼木地坪鋪上低彩度的圖騰地毯，挑選接近自然的淡亞麻色布沙發與綠色單椅，讓心情感覺輕盈。

CASE

1

25坪・1人4貓・1房2廳・使用建材：原木、鐵件、乳膠漆、手工釉磚、馬賽克、
文化石磚、壓花復古玻璃、棉麻窗簾

徜徉在木色與藍調之間的貓系空間

空間設計暨圖片提供_原木工坊&客製化‧手工實木傢具

色彩計劃	40%軟裝色	30%塗料色	30%材料色
	馬賽克圖騰、赭黃窗簾與藍色沙發等軟件運用。	深灰藍色塗料用於客廳壁面，營造靜謐氣質。	全室多採顏色偏暖橘黃的實木鋪陳堆疊。

木色基地的機能性儲藏間
在白色刷舊的木質色儲藏
間，壁面挖出一個開口小
門，讓貓咪能自由進出和使
用貓砂盆。

讓貓咪與蒐藏成為家中最美的風景

屋主需求

因為愛貓也愛深藍色調性，希望將這兩個意象與色彩結合，空間立面留給木質料與灰藍色展演，並把多年蒐藏的老鎖頭、老皮箱擺設成居家布置一景，讓經歷歲月洗禮的耐看老件也能有機會被欣賞、被看見。另外該怎麼讓貓在家活動舒服？還有如何收納養貓的物品？都是規劃考量的重點。

喵！沉靜的藍調中帶點溫暖可愛

設計師觀點

身為室內設計師與木作傢具設計師的李佳鈺，在規劃自己住所時便把愛貓們作為第一考量。養過貓咪的人就會知道，貓咪「時而溫柔、時而高冷」的特質，給牠們一個安全舒服、又能獨處的空間絕對是必要，屋內的採光良好，因此使用明度較低的深灰藍色塗料鋪陳客廳壁面，透過自然光影灑落變化，營造一股像貓一樣的安定、靜謐氣質；搭配木地板、木櫃體的使用，使人與貓咪在家活動時觸感更舒適。

玄關進門的視線端景，恰好落在白色基調的儲藏櫃牆，設計師運用黑藍與深淺褐色的馬賽克磚，以家中貓寶貝為模特範本，拼貼出一隻微笑貓圖騰，每天一回家打開門，就有「貓」的迎接。L型沙發圈圍出客廳區，白色底座具有收納機能，藍色沙發布面同時也呼應了壁面的色彩。客廳空間電視櫃則採用顏色稍偏暖橘黃、木紋理清晰的實木，使視覺色彩的冷暖更平衡一些；上方的收納展示櫃透過局部的斜切線條變化，在一片優雅藍色調中注入活潑感。沙發與大木桌上方的天花，以鐵件、原木打造出懸吊櫃，可擺放植栽綠化空間，層板下方還設計了燈箱，兼具收納與照明的複合機能。

空間中使用了大量的木材質鋪陳堆疊，為了不讓視覺產生壓迫感，除了木地板選擇較深的木色之外，玄關、餐廳、主臥的木壁面，都盡量採用較淺色的原木，保留了木的溫潤、樹節與刷舊感，又能讓小空間看起來清爽無壓。木壁面、木層架上擺放著設計師的繪畫與多年蒐藏的老物件，油畫畫作、老鎖頭、舊時鐘，將自己的藝術創作與老物件的歲月溫度，融合挹注到空間擺設之中，讓「家」成為最棒的風格展演舞台。

材料色
＋
軟裝色

☑ **深淺木色打造天地壁層次，軟件運用形塑南法鄉村印象**

餐廚區採用淺色的原木量身訂製，並依生活使用習慣規劃各類收納，例如靠餐桌處安排開放層櫃，方便在用餐時隨手拿取CD放音樂或看書；座椅上方則是深度較淺的展示架擺放好看且常用的盤子。木頭選材以各類木質顏色增加空間層次感，暖黃的原木片天花、咖啡棕廚櫃搭配刷白的抽屜與網狀窗花，再點綴磚紅與赭黃的亞麻布窗簾，讓空間洋溢出南法鄉村風印象。

材料色
＋
塗料色

☑ 斜切角度造型，沉穩的木與藍變得更活潑

深暖木色的電視櫃具展示與收納功能，運用一點斜角度的
變化，使木頭傢具在沉穩灰藍中，也能具有活潑感。沙發
側牆運用同樣斜切木邊元素的格櫃，左右呼應，搭配白色
底板的內嵌式收納，在一片藍色中也不至於被淹沒忽略。

☑ 白色木壁創造自然減壓空間，深色石材弱化樑柱存在

臥房壁面以白色系的木展現出自然、減壓的色調，原木表面保留木節、手感紋路，並以厚薄不同排列出凹凸設計感，當光影由窗映入便能清楚看出壁面立體效果；空間內的樓板高挑、柱子也較大，為讓房內轉角柱不那麼明顯，用原木包覆弱化樑柱感，加上展示層架與深色的文化石貼面，成為具鄉村特色的美型小角落。

☑ 加入玻璃材質，空間色調更顯光透輕盈

更衣間從主臥內部移出至衛浴入口旁，讓出門前的盥洗、更衣搭配動線更方便。此區透過深暖與淺白的原木，變化櫃門與牆壁立面，中央分別嵌入水波紋玻璃、霧面玻璃，打造充滿輕盈感的門片，其中衛浴門片再加上鍛鐵材質，讓其多了紋樣圖案的裝飾效果。

注入灰調，讓濃淡輕重的色彩和諧並存

空間設計暨圖片提供_陶璽空間設計事務所

色彩計劃	**40%軟裝色**	**40%塗料色**	**20%材料色**
	深淺色調櫃體與藍白漸層地毯呼應,美型機能兼具。	公領域應用莫蘭迪奶茶灰,搭配深藍綠跳色牆。	咖啡灰的大理石漫散勻稱細緻的紋樣。

搭配金色燈具，簡約中散發輕奢質感

淡灰色調的室內立面，配上金色吊燈與壁
燈，透過燈具簡約的造型線條，與金色所
呈現的輕奢印象，提升空間整體質感。

色彩與格局的調整，放大「家」尺度

屋主需求

女主人希望生活在有著優雅藍色調的美式鄉村感空間裡，能在舒服的午後喝著茶，和孩子們一起沉浸在一本小書裡。找設計師之前就已經購置好了部分傢具，例如藍黑色的床組與床頭櫃，也有一架舊有的深木色鋼琴，希望既定的傢具傢飾能和諧地融入在新設計中。期望兒童房依照小孩各自不同的個性與喜好，打造童趣且散發甜美氣息的專屬小天地。

莫蘭迪奶茶色系，呈現優雅與個性的轉折

設計師觀點

莫蘭迪色調的奶茶灰鋪陳出壁面與櫃體配色，讓一入門的公領域，散發低調優雅又不顯沉悶凝滯。電視牆一道咖啡灰的大理石，漫散勻稱細緻的紋樣，挑選淡藍灰與白色條紋的織布沙發，在百葉窗的光影映照下，讓人回到家就想投入這舒適柔軟的懷抱中。客廳地坪上，選用放射潑墨般的藍白漸層地毯，一下子就抓緊了觀者的視線目光，與之呼應的則是餐桌旁的深藍綠跳色壁面，讓空間整體色調以「輕柔VS濃重」、「優雅VS強烈」的相遇交織，在高雅品味之中帶著個性的轉折。

設計師與屋主討論後，將原有4房格局改為3房，使家人活動尺度更舒適。並拆除客廳沙發後的實牆改成半開放式隔間，在這間多功能室中，運用清透的玻璃搭配奶茶灰色拉門，增加使用彈性與前後彼此的穿透性，也讓光線映入後更為清透明亮。色彩則以灰冷色調為主，能讓人沉澱靜心，至頂的灰藍色開放書櫃與抽屜，收納家中大部分書籍，在微微架高的木地坪與臥榻上，或坐或臥，能與孩子們一起安靜享受親子共讀時光。

主臥中半開放的更衣間，牆壁以微降明度的粉淺藍塗佈，床頭主牆搭配有著筆刷觸感、顏色繽紛的條紋壁紙，在兩種不同色調之間，透過帶灰的壁面與大地色織品，作為和諧的中介銜接。兒童房則由兩個小房間打通，用了兩姊妹喜愛的粉紅與藍，作為臥房床頭牆、落地窗簾與寢具的配色，為了讓色彩間產生連結，巧妙地在兩個床鋪之間使用清淺的白灰牆色過渡，也襯托著粉紅與藍這兩個互補色。改造後的家，呈現家人對色彩的不同偏好，既有優雅又有個性，卻能和諧並存在同個空間，就像家人各有喜好習氣，又能互相配合協調、彼此溫暖的陪伴。

軟裝色
＋
塗料色

☑ **深藍綠跳色，加強視覺上的主題重點**

客廳應用屋主所指定的奶茶灰，並適時的調整深淺（偏淺白的奶茶灰與深奶茶灰），以連續色調、不同明度變化，作為沙發背牆與電視櫃、餐櫃的整合。為避免單一色系過於凝滯，特別搭配深藍綠的餐廳跳色牆，以及放射紋路的深藍地毯，讓公領域的色彩主題更突顯跳躍。

塗料色
＋
材料色

☑ 粉紅與淺白灰，運用色彩作為隱性的空間分界

將兩個狹小空間改成一大房，兩個小女孩可以更舒適的活動玩耍，不再侷促受限。偏白的木紋地坪為空間清爽鋪底，一側是白色線板與淺白灰牆，另一側床頭塗上粉紅壁面，搭配粉紅帶藍邊的落地窗簾，衣櫃上也選用了帶有童趣的粉紅、粉藍陶瓷把手，運用配色與小細節，當作區別使用者的隱性空間劃分。

INDEX

設計師名單

寓子設計	02-2834-9717
原木工坊 & 客製化・手工實木傢具	02-2914-0400
W&Li Design 十穎設計	02-8661-3291
開物設計	02-2700-7697
森叁設計	02-2325-2019
浩室設計	03-358-1067
璞沃空間 /Puro SPACE	03-435-5999
羽筑設計	03-550-1946
齊設計 CHI DESIGN	03-668-8555
一它設計	03-733-3294
分子設計	04-2389-3992
漢玥設計	04-2452-9277
新澄設計	04-2652-7900
大見室所工作室	04-2372-0370
苑茂設計	0911-241-375
十一日晴空間設計	Email: TheNovDesign@gmail.com

Style 60

家這樣配色才有風格：

從色彩組合、材質選搭、軟裝陳設到光線運用，擺脫選色障礙，住進自己的個性宅

作　　者｜漂亮家居編輯部
責任編輯｜李與真
文字編輯｜劉真妤、吳念軒、李寶怡、陳淑萍、蔡婷如、李與真
插　　畫｜黃雅方
美術設計｜黃昀嘉
封面設計｜陳俐彣
行銷企劃｜張瑋秦、李翊綾

發 行 人｜何飛鵬
總 經 理｜李淑霞
社　　長｜林孟葦
總 編 輯｜張麗寶
副總編輯｜楊宜倩
叢書主編｜許嘉芬
出　　版｜城邦文化事業股份有限公司 麥浩斯出版
地　　址｜104台北市中山區民生東路二段141號8樓
電　　話｜02-2500-7578　　傳　真｜02-2500-1916
E-mail｜cs@myhomelife.com.tw

發　　行｜英屬蓋曼群島商家庭傳媒股份有限公司城邦分公司
地　　址｜104台北市中山區民生東路二段141號2樓
讀者服務專線｜（02）2500-7397；0800-020-299（週一至週五AM09：30 ～ 12：00；PM01：30 ～ PM05：00）
讀者服務傳真｜（02）2578-9337
E-mail｜service@cite.com.tw
訂購專線｜0800-020-299（週一至週五 上午09：30 ～ 12：00；下午13：30 ～ 17：00）
劃撥帳號｜1983-3516
劃撥戶名｜英屬蓋曼群島商家庭傳媒股份有限公司城邦分公司

香港發行｜城邦（香港）出版集團有限公司
地　　址｜香港灣仔駱克道193號東超商業中心1樓
電　　話｜852-2508-6231　　傳　真｜852-2578-9337
電子信箱｜hkcite@biznetvigator.com

馬新發行｜城邦（新馬）出版集團Cite（M）Sdn. Bhd.（458372 U）
地　　址｜41, Jalan Radin Anum, Bandar Baru Sri Petaling, 57000 Kuala Lumpur, Malaysia.
電　　話｜603-9056-3833　　傳　真｜603-9057-6622

總 經 銷｜聯合發行股份有限公司
電　　話｜02-2917-8022　　傳　真｜02-2915-6275

製版印刷｜凱林彩印股份有限公司
出版日期｜2020年5月初版一刷
定　　價｜新台幣399元
Printed in Taiwan

國家圖書館出版品預行編目 (CIP) 資料

家這樣配色才有風格：從色彩組合、材質
選搭、軟裝陳設到光線運用，擺脫選色障
礙，住進自己的個性宅 / 漂亮家居編輯部
著. -- 初版. -- 臺北市：麥浩斯出版：家
庭傳媒城邦分公司, 2020.05
面；　公分. --（Style；60）
ISBN 978-986-408-585-9(平裝)
1.家庭佈置 2.室內設計 3.色彩學

422.5　　　　　　　　　　　109002044